水电厂安全教育培训教材

现场生产人员分册

李华　王吉康　孔令杰　编

中国电力出版社
CHINA ELECTRIC POWER PRESS

内 容 提 要

《水电厂安全教育培训教材》针对水电厂各类人员量身定做，内容紧密结合现场安全工作实际，突出岗位特色，明确各岗位安全职责，将安全教育与日常工作结合在一起，巧妙地将安全常识、安全规定、安全工作、事故案例结合起来。员工通过本教材的学习，能达到增强安全意识，提高安全技能的目的。本册是《现场生产人员分册》，主要内容为生产一线人员应掌握的安全技能，包括五章，分别为初级运维专责安全技能、中级运维专责安全技能、高级运维专责安全技能、机电运维班班长安全技能、水工建筑运维岗位安全技能。

本套教材是水电厂消除基层安全工作中的薄弱环节，开展安全教育培训的首选教材，也可供水电厂各级安全监督人员及相关人员学习参考。

图书在版编目（CIP）数据

水电厂安全教育培训教材. 现场生产人员分册／李华，王吉康，孔令杰编. —北京：中国电力出版社，2017.1（2017.2 重印）

ISBN 978-7-5198-0035-2

I. ①水… Ⅱ. ①李… ②王… ③孔… Ⅲ. ①水力发电站—安全生产—生产管理—技术培训—教材 Ⅳ. ①TV73

中国版本图书馆CIP数据核字（2016）第277976号

中国电力出版社出版、发行

（北京市东城区北京站西街19号　100005　http：//www.cepp.sgcc.com.cn）

北京博图彩色印刷有限公司印刷

各地新华书店经售

*

2017年1月第一版　2017年2月北京第二次印刷

850 毫米 × 1168 毫米　32开本　8.125印张　181千字

印数 2001–4000 册　定价**36.00**元

#《水电厂安全教育培训教材》

编 委 会

主　编　李　华

副主编　王永潭　李建华　张　涛　吕　田　李幼胜

编　委　王　涛　宋绪国　吴冀杭　高国庆　李少春

罗　涛　李　显　王吉康　刘争臻　靳永卫

袁冰峰　邓亚新　李海涛　夏书生　高　辉

曹南华　张铁峰　孔令杰　徐　桅　王考考

蒋明君　王　宁　董飞燕　张建伟　王　健

顾希明　刘立军　高俊波　付　强　孔繁臣

刘亚莲　王振羽　孟继慧　王景忠

前　言
FOREWORD

随着近年来水电行业的快速发展，水电建设的步伐逐年加快，对水电人才的需求也逐步增多，这对水电企业的安全教育培训提出了更高的要求。为了进一步提高水电企业的安全教育培训质量，充分发挥安全教育培训在安全责任落实、安全文化落地、人员素质提升等方面的作用，特组织行业专家编写本套《水电厂安全教育培训教材》。

本套教材共分为 5 个分册，包括《新员工分册》《现场生产人员分册》《生产单位管理人员分册》《基建单位管理人员分册》《参建施工人员分册》。

本套教材针对水电厂各类人员量身定做，适用于生产和基建单位新入职人员、一线员工和各级管理人员，内容紧密结合现场安全工作实际，突出岗位特色，明确各岗位应掌握的安全知识和应具备的安全技能，将安全教育与日常工作结合在一起，巧妙地将安全常识、安全规定、安全工作、事故案例等结合起来。通过分阶段、分岗位、分专业的系统性培训，全面提升各级生产人员的安全知识储备和安全技能积累。

本册为《现场生产人员分册》，主要内容为生产一线人员应掌握的安全技能，包括五章，分别为初级运维专责安全技能、中级运维专责安全技能、高级运维专责安全技能、机电运维班班长安全技能、水工建筑运维岗位安全技能。参加本册编写的人员有李华、张涛、宋绪国、高国庆、李少春、罗涛、李显、王吉康、靳永卫、袁冰峰、邓亚新、孔令杰、高辉、曹南华、徐桅、王考考、蒋明君。

本套教材是水电厂消除基层安全工作中的薄弱环节，开展安全教育培训的首选教材，也可供水电厂各级安全监督人员及相关人员学习参考。

由于编写时间仓促，本套教材难免存在疏漏之处，恳请各位专家和读者提出宝贵意见，使之不断完善。

编者

目录
CONTENTS

第五章　水工建筑运维岗位安全技能

第一章
初级运维专责安全技能

第一节 通用安全技能

一、个人防护用品使用

必须掌握个人防护用品使用技能，如安全帽、工作服（防护服）、呼吸器等。具体详见《新员工分册》相关内容。

二、工器具使用

必须掌握安全工器具、电动工器具使用技能，如安全带、自锁器、速差自控器及验电器、磨光机、切割机、砂轮机等现场常用工器具。详见《新员工分册》相关内容。

三、现场危险有害因素辨识及预控

必须掌握现场危险有害因素辨识及预控技能，如有限空间、高处作业、起重作业、动火作业、临时用电、交叉作业、易燃易爆危化品等作业现场。详见《新员工分册》相关内容。

运检业务作业风险辨识包括运维业务风险辨识、值守业务风险辨识、操作业务风险辨识、ONCALL 业务风险辨识。运维业务风险辨识包括日常维护风险辨识和检修作业风险辨识，日常维护业务风险辨识通过班前会和工作票风险辨识实施；检修作业风险辨识通过班前会、工作票和检修作业指导书风险辨识实施。值守业务风险辨识通过值守交接班风险辨识实施。操作业务风险辨识通过操作、ONCALL 交接班和操作票风险辨识实施。ONCALL 业务风险辨识通过操作、ONCALL 交接班风险辨识以及工作票、操作票风险辨识实施。

1. 交叉作业

（1）应尽量减少立体交叉作业。必须交叉时，应事先组织交叉作业各方，商定各方的作业范围及安全注意事项；各工序应紧密配合，作业场地尽量错开，以减少干扰；无法错开的垂直交叉作业，层间应搭设严密、牢固的防护隔离设施。

（2）孔洞盖板、栏杆、安全网等安全防护设施不准任意拆除；必须拆除时，应征得搭设部门（单位）的同意，并采取临时安全作业措施，作业完毕后立即恢复原状并经搭设部门（单位）验收；不准擅自移动或挪用非工作范围内的设备、机具及安全设施。

（3）交叉作业场所的通道应保持畅通，有危险的出入口处应设置罩棚和安全警示标识。

2．危化品安全注意事项

（1）任何接触危险化学品的作业人员都必须了解所使用的化学品的燃烧、爆炸、腐蚀等危害性，掌握个体防护用品的选择、使用、维护和保养方法，掌握特定设备和材料（如急救、消防、溅出和泄漏控制设备）的使用。

（2）从事危险化学品操作的人员必须遵守《劳动法》有关规定和现场操作规程。

（3）正确识别和区分危险化学品，是安全使用化学品、预防化学品事故的重要措施之一。危险化学品安全标签是针对化学品而设计，是用于提示接触危险化学品人员的一种标识。购进危险化学品时，必须核对包装上的安全标签。安全标签若脱落或损坏，经检查核对后应补贴。危险化学品需要转移或分装到其他容器内时，转移或分装后的容器应贴安全标签。

四、危险环境自救互救

必须掌握危险环境自救互救技能，如潮湿环境（水中）触电、坍塌、有限空间等环境的正确施救。

（一）潮湿环境触电施救

1. 一般要求

（1）发生潮湿环境触电时，应先对周围环境进行判断，不可盲目抢救，防止造成事故扩大。

（2）穿好绝缘靴、带上绝缘手套，迅速断开电源，使触电人员脱离电源，然后使用心肺复苏法进行抢救。

2．低压触电的注意事项

（1）如果触电地点附近有电源开关或电源插座，可立即拉开开关或拔出插头，断开电源，但应注意只控制一根线的开关可能因安装问题，只能切断中性线而没有断开电源的相线。

（2）可使用绝缘工具、干燥木棒、木板、绳索等不导电的物品使触电者脱离电源，或抓住触电者干燥而不贴身的衣服将其拖开（切记要避免碰到金属物体和触电者的裸露身躯），还可以戴绝缘手套或将手用干燥衣物等包裹绝缘后解脱触电者。另外，救护人员可站在绝缘垫上或干木板上，使触电者与导电体解脱，在操作时最好用一只手进行操作。

（3）如果电流通过触电者入地，并且触电者紧握电线，可设法用干木板塞到其身下，与地隔离，也可用木把斧子或带绝缘柄的钳子等将电线切断。用钳子剪断电线，尽量分相进行，一根一根地剪断，并尽可能站在绝缘物体或木板上操作。

（4）如果触电发生在低压带电架空线配电台架、户线上，若能立即切断线路电源，应迅速切断电源，或由救护人员迅速登杆至可靠的地方，束好自己的安全皮带后，用带绝缘胶柄的钢丝钳、干燥的不导电物体或绝缘物体将触电者拉离电源。

3．高压触电的抢救方法

（1）立即通知有关供电单位或用户停电。

（2）戴上绝缘手套，穿上绝缘靴，用适合该电压等级的绝缘工具按顺序拉开电源开关或熔断器。

（3）抛掷裸金属线使线路短路接地，迫使保护装置动作，断开电源。注意抛掷裸金属线之前，应先将金属线的一端固定可靠接地，另一端系上重物抛掷，注意抛掷的一端不可触及触电者和其他人。另外，抛掷者抛出金属线后，要迅速离开接地的金属线 8m 以外或双脚并拢站立，防止跨步电压伤人。在抛掷短路线时，应注意防止电弧伤人或断线危及人员安全。

（二）坍塌施救

（1）认真分析工作场所附近发生坍塌潜在危险因素，如存在该危险因素时，应该特别提高警惕。一旦发现工作场所附近有土石松动的迹象，或者听见有疑似建筑物倒塌的异常响动，就应以最快的速度逃离险境。

（2）如果无法迅速逃离时，应快速找到附近能起到支撑作用的坚固物体靠边角躲藏。用衣物、毛巾蘸满水后捂住口鼻，同时闭上眼睛，蹲下身体，护住头部。

（3）在坍塌体内部，被困人员争取要用手机或其他方式与外界取得联络，使营救人员尽快得知自己的位置，便于施救。在手机无法使用时，可敲响身边的管道，以便抢险救援人员及时发现。

（4）塌方被困人员保持沉着、镇静，可根据现场情况自救。若无法自救时要找安全地点静坐，减少体力消耗，等待救援。

（5）如果在塌方中受伤出血，首先应用毛巾、衣服紧紧扎住伤口距离心脏较近的位置，减少出血。但应注意，每隔一个小时要放开几分钟，避免肢端缺血坏死。骨折伤者应先止血，保持姿势不动。如果身边有人不幸受伤，应该在确保自身安全的前提下施以援手。

（6）当垮塌压到人时，救援不可惊慌，应先由外向里打通安全退路，防止继续垮塌伤人，再组织人员迅速抢救被埋的遇险者。

（7）抢救时要仔细分析遇险者的位置和被压情况，尽量不要破坏垮塌物的堆积状态，小心谨慎地把遇险者身上的垮塌物搬开，救出伤员。

（8）若垮塌物太多，应多人用撬杠、千斤顶等工具从四周将垮塌物抬起，用物体撑牢，再将伤员救出。

（9）救出的伤员要立即进行止血、包扎、骨折固定等措施，发生休克时要及时予以抢救，并迅速送往医院急救。

（三）有限空间施救

（1）进入受限空间施救前，必须进行危险辨识，消除可能存在的危害，防止事故进一步扩大。

（2）进入受限空间作业必须设专人监护，不得在无监护人的情况下作业。监护人和进入者必须明确联络方式并始终保持有效的沟通。进入特别狭小空间作业，进入者应系安全可靠的保护绳，监护人可通过系在进入者身上的绳子进行沟通。

（3）为保证受限空间内空气流通和人员呼吸需要，可自然通风，必要时须采取强制通风方法，严禁向受限空间通纯氧。在特殊情况下，作业人员应佩戴安全可靠的呼吸面具、正压式空气呼吸器和长管呼吸器，但配戴长管面具时，必须仔细检查其气密性，同时防止通气长管被挤压，吸气口应置于新鲜空气的上风口，并有专人监护。

（4）进入受限空间作业，应有足够的照明，照明要符合防爆要求。进入受限空间作业所用行灯电压应不大于 36V，在金属设备内和特别潮湿作业场所作业，行灯电压不准超过 12V 且绝缘良好。使用手持电动工具应有漏电保护设备。当受限空间原来盛装爆炸性液体、气体等介质的，则应使用防爆电筒或电压不大于12V的防爆安全行灯，行灯变压器不应放在容器内或容器上。作业人员应穿戴防静电服装，使用防爆工具、机具。

（5）受限空间作业面存在坠落风险时，必须按照高处作业相关规定制定防止坠落的安全措施（包括如何在行走表面、工作平台和升降电梯、脚手架、梯子上防人员坠落的措施及救援方法）。

（6）根据作业中存在的风险种类，依据相关的防护标准，确定个人的防护装备并确保正确穿戴。

五、安全用电

必须掌握安全用电基本技能，如临时电源、安全电压、安全距离、跨步电压等。具体详见《新员工分册》相关内容。设备不停电时的安全距离见表1-1，带电作业时人身与带电体间的距离见表1-2。

表1-1　设备不停电时的安全距离

电压等级（kV）	安全距离（m）	电压等级（kV）	安全距离（m）
10及以下（13.8）	0.70	1000	8.70
20、35	1.00	±50及以下	1.50
66、110	1.50	±400	5.90
220	3.00	±500	6.00
330	4.00	±660	8.40
500	5.00	±800	9.30
750	7.20		

注　1. 表中未列电压等级按高一挡电压等级确定安全距离。

2. ±400kV数据是按3000m校正的，海拔4000m时安全距离为6.00m。750kV数据是按2000m校正的，其他等级数据按海拔1000m校正。

表 1-2 带电作业时人身与带电体间的安全距离

电压等级（kV）	10	35	66	110	220	330	500	750	1000	±400	±500	±660	±800
距离（m）	0.4	0.6	0.7	1.0	1.8（1.6）	2.6	3.4（3.2）	5.2（5.6）	6.8（6.0）	3.8	3.4	4.5	6.8

注 1. 表中数据是根据线路带电作业安全要求提出的。
2. 220kV 带电作业安全距离因受设备限制达不到 1.8m 时，经单位批准，并采取必要的措施后，可采用括号内 1.6m 的数值。
3. 海拔 500m 以下，500kV 取值为 3.2m，但不适用于 500kV 紧凑型线路。海拔在 500 ~ 1000m 时，500kV 取值为 3.4m。
4. 直线塔边相或中相值。5.2m 为海拔 1000m 以下值，5.6m 为海拔 2000m 以下的距离。
5. 此为单回输电线路数据，括号中数据 6.0m 为边相值，6.8m 为中相值。表中数值不包括人体占位间隙，作业中需考虑人体占位间隙不得小于 0.5m。
6. ±400kV 数据是按海拔 3000m 校正的，海拔为 3500m、4000m、4500m、5000m、5300m 时最小安全距离依次为 3.90m、4.10m、4.30m、4.40m、4.50m。
7. ±660kV 数据是按海拔 500 ~ 1000m 校正的，海拔为 1000 ~ 1500m、1500 ~ 2000m 时最小安全距离依次为 4.7m、5.0m。

六、现场急救

必须掌握现场急救技能，如触电急救法、窒息急救法、心肺复苏法，烧伤、烫伤、外伤、电伤、气体中毒、溺水等急救。参阅 Q/GDW 1799.1—2013《国家电网公司电力安全工作规程 变电部分》附录 Q（《紧急救护法》）。

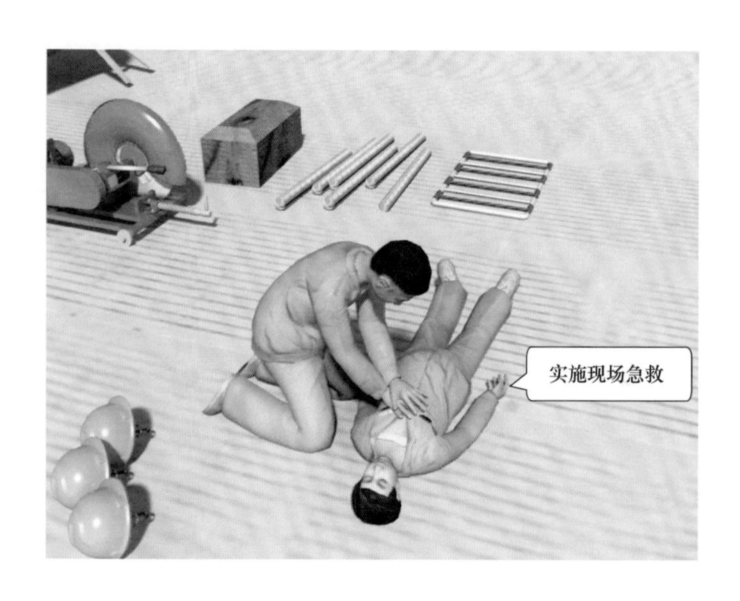

七、火灾扑救与消防器材使用

必须掌握消防安全技能，如各类常规灭火器的选择使用、初期火灾的扑救。

1．火灾的种类

（1）A 类火灾：固体物质火灾，如木材、棉、毛、麻、纸张。

（2）B 类火灾：液体火灾和可熔性的固体物质火灾，如汽油、煤油、原油、甲醇、乙醇、沥青等。

（3）C 类火灾：气体火灾，如煤气、天然气、甲烷、丙烷、乙炔、氢气。

（4）D 类火灾：金属火灾，如钾、钠、镁、钛、锆、锂、铝镁合金等燃烧的火灾。

（5）E 类火灾：电器火灾。

2．灭火器的选择

（1）干粉类的灭火器。又分为碳酸氢钠和磷酸铵盐灭火剂，碳酸氢钠灭火剂用于扑救 B、C 类火灾；磷酸铵盐灭火剂用于扑救 A、B、C、E 类火灾。

（2）二氧化碳灭火器用于扑救 B、C、E 类火灾。

（3）泡沫型灭火器用于扑救 A、B 类火灾。

（4）水基型灭火器用于扑救 A、B、C、E、F 类火灾。

3．干粉灭火器的使用方法

（1）外观检查。

1）灭火器瓶体、喇叭无破损。

2）保险装置和铅封是否完整、齐全。

（2）安全性检查。

1）产品合格证、安全鉴定证和安全标志是否齐全。

2）灭火器的铭牌、生产日期和维修日期、维修合格证等标志是否齐全。

3）灭火器是否在有效期内。

4）灭火器压力是否正常，指针指在绿色区域。

（3）灭火器的使用。

1）手提灭火器的提把，迅速赶到着火处（距离起火点 5m 左右）。

2）提取灭火器上下颠倒两次，拔下保险栓，一手握住喷嘴对准火焰根部，一手按下压把。

3）灭火时，由近及远、左右横扫、向前推进，不让火焰会窜，人应站在火源的上风侧。

4）如果一只灭火器使用完毕后不能扑灭，现场还有灭火器时，应连续使用灭火。

5）灭火过程中应始终保持直立状态，不得横卧或颠倒使用。

6）灭火器使用完毕后，应轻放地上，防止对灭火器钢瓶造成损伤。

4．二氧化碳灭火器的使用方法

（1）外观检查。

1）灭火器瓶体、喇叭无破损。

2）保险装置和铅封是否完整、齐全。

（2）安全性检查。

1）产品合格证、安全鉴定证和安全标志是否齐全。

2）灭火器的铭牌、生产日期和维修日期、维修合格证等标志是否齐全。

3）灭火器是否在有效期内。

（3）灭火器的使用。

1）手提灭火器的提把，迅速赶到着火处。

2）拔掉保险栓，一手握住喷筒把手，将扶把上的鸭嘴压下，一手握住喷筒的胶质部分防止冻伤，对准火源的底部灭火。

3）如果一只灭火器使用完毕后不能扑灭，现场还有灭火器时，应连续使用灭火。灭火时，人员应站在上风处。

4）灭火器使用完毕后，应轻放地上，防止对灭火器钢瓶造成损伤。

5. 泡沫灭火器的使用方法

（1）外观检查。

1）灭火器瓶体、喇叭无破损。

2）保险装置和铅封是否完整、齐全。

（2）安全性检查。

1）产品合格证、安全鉴定证和安全标志是否齐全。

2）灭火器的铭牌、生产日期和维修日期、维修合格证等标志是否齐全。

3）灭火器是否在有效期内。

4）灭火器压力是否正常，指针指在绿色区域。

（3）灭火器的使用。

1）手提灭火器的提把，迅速赶到着火处，拔掉保险栓。

2）一手握住提环， 另一手握住筒身的底边， 将灭火器颠倒过来。

3）灭火时，喷嘴对准火源，用力摇晃几下，不要将灭火器的盖与底对着人体、防止盖、底弹出伤人。

4）如果一只灭火器使用完毕后不能扑灭，现场还有灭火器时，应连续使用灭火。

5）灭火器使用完毕后，应轻放地上，防止对灭火器钢瓶造成损伤。

6. 水基型灭火器的使用方法

水基型灭火器的使用方法与泡沫灭火器基本相同，可以参照。

7. 手推车式灭火器的使用方法

各种手推车式灭火器与其手提式灭火器扑救火灾类型一致。

（1）外观检查。

1）灭火器瓶体、喇叭无破损。

2）保险装置和铅封是否完整、齐全。

（2）安全性检查。

1）产品合格证、安全鉴定证和安全标志是否齐全。

2）灭火器的铭牌、生产日期和维修日期、维修合格证等标志是否齐全。

3）灭火器是否在有效期内。

4）灭火器压力是否正常，指针指在绿色区域。

（3）手推车式灭火器的使用。

1）把灭火器推拉到着火现场。

2）右手抓喷枪，左手顺势展开喷管至平直，不能弯折或打圈。

3）除掉铅封，拔掉保险销。

4）用手掌使劲按下供气阀门。

5）左手把持喷管托，右手持抢把，用手指扳动开关，对准火焰喷射。

8．消防栓的使用方法

（1）打开消火栓门。

（2）一人接好墙头和水袋奔向起火点。

（3）另一人接好水带和阀门口。

（4）逆时针打开供水阀门，对准火焰喷射。

9．电气火灾的处理方法

（1）遇有电气设备着火时，应首先将有关设备的电源切断，然后进行灭火，同时立即报告。

（2）严禁使用能导电的灭火剂进行灭火。旋转电动机发生火灾时，禁止使用干粉灭火器和干砂直接灭火。

（3）对可能带电的电气设备以及发电机、电动机等，应使用干式灭火器、CO_2 灭火器、六氟丙烷灭火器等灭火。

（4）对油断路器、变压器（已隔绝电源）可使用干式灭火器、六氟丙烷灭火器等灭火，不能扑灭时再用泡沫式灭火器灭火，不得已时可用干砂灭火；地面上的绝缘油着火，应用干砂灭火。

（5）扑救可能产生有毒气体的火灾（如电缆着火等）时，扑救人员应使用正压式空气呼吸器。

八、自然灾害紧急避险

必须掌握自然灾害及地质灾害（如地震、泥石流、滑坡等）紧急避险技能。

（一）地震

1．室内

（1）选择开间小的地方躲避，也可以躲在墙根、内墙角、坚固的家具旁边等易于形成三角空间的地方。远离外墙、门窗，不要使用电梯，不能跳楼。

（2）躲避时身体应采取的姿势是：蹲下或坐下，尽量蜷曲身体，降低身体重心，额头枕在大腿上，双手保护头部。如果有条件，还应该拿软性物品护住头部，用湿毛巾捂住口鼻。

（3）避开吊灯、电扇等悬挂物。

2．户外

（1）就地选择开阔地带避险，蹲或趴下，以免摔倒。

（2）驾车行驶时，尽快降低车速，选择空旷处停车。

（3）避开高架桥、高烟囱、水塔等建筑物。

（4）避开玻璃幕墙、高门脸、女儿墙、广告牌、变压器等危险物。

（5）在野外，避开河岸、陡崖、山脚，以防坍塌、崩塌、滑坡和泥石流。

3．震后自救

（1）被压埋后，如果能行动，应逐步清除压物，尽量挣脱出来。

（2）要尽力保证一定的呼吸空间，如有可能，用湿毛巾等捂住口鼻，避免灰尘呛闷发生窒息。

（3）注意外边动静，伺机呼救。尽量节省力气，不要长时间呼喊，可用敲击的方法呼救。

（4）尽量寻找水和食物，创造生存条件，耐心等待救援。

4. 震后互救

（1）根据房屋居住情况，以及家庭、邻里人员提供的信息判断，采取看、喊、听等方法寻找被埋压者。

（2）采用锹、镐、撬杠等工具，结合手扒方法挖掘被埋压者。

（3）在挖掘过程中，应首先找到被埋压者的头部，清理口腔、呼吸道异物，并依次按胸、腹、腰、腿的顺序将被埋压者挖出来。

（4）如被埋压者伤势严重，施救者不得强拉硬拖，应设法使被埋压者全身暴露出来，查明伤情，采取包扎固定或其他急救措施。

（5）对暂时无力救出的伤员，要使废墟下面的空间保持通风，递送食品，等待时机进行营救。

（6）对挖掘出的伤员进行人工呼吸、包扎、止血、镇痛等急救措施后，迅速送往医院。

（7）伤势非常严重的，要用硬板担架搬运，严禁人架方式，以免造成更大伤害。

（二）高温天气

（1）保证睡眠，多喝白开水、盐开水、绿豆汤等防暑饮品，饮食以清淡为宜。

（2）白天尽量减少户外活动时间，外出要做好防晒措施，避免被阳光灼伤皮肤。

（3）如有人中暑，应将病人移至阴凉通风处，给病人服用防暑药品。如果病情严重，应立即送医院进行诊治。

（三）寒潮

（1）注意保暖，防止疾病乘虚而入。

（2）加固门窗、围板等易被大风吹动的设施。

（3）采取保护农作物、畜禽等措施。

（4）海上船只提前返港避风。

（四）雷电

（1）在室内，远离门窗、水管、煤气管、暖气管等金属物体，关闭家用电器，并拔掉电源插头。

（2）在室外，远离孤立的大树、高塔、电线杆、广告牌等。在野外应尽量寻找低洼处，降低身体高度。

（3）如遇被雷击的人员，立即采用心肺复苏法抢救。

（五）滑坡

（1）处于滑坡体上，感到地面有移动时，用最快的速度向两侧稳定地区撤离。

（2）处于滑坡体中部无法逃离时，找一块坡度较缓的开阔地停留，或可抱紧附近粗大的树木以求自保。

（3）处于滑坡体下方时，应该迅速沿滑坡体滑动方向两侧开阔空地撤离。

（六）泥石流

（1）发现有泥石流迹象，应立即观察地形，向沟谷两侧山坡或高地逃生。

（2）逃生时不要躲在有滚石和大量堆积物的陡峭山坡下面。

（3）不要停留在低洼的地方。

九、反违章与四不伤害

必须掌握反违章技能，具备“四不伤害”能力。

（一）反违章

（1）应当树立“违章就是事故”和“反违章是员工的基本技能”的观念。

（2）有针对性地开展作业性违章、装置性违章、指挥性违章、管理性违章的治理工作，努力消除习惯性违章。

（3）反违章管理应实行违章联责追究制，除追究违章当事人责任外，还应对其上级领导和管理人员所负有的监督、监护、检查、验收不到位的责任进行追究。

（二）四不伤害

1. 不伤害自己

（1）工作中保持良好的精神状态，杜绝疲劳工作、酒后工作的现象。

（2）熟悉所从事工作的专业知识、危险点、注意事项、安全防护技能以及事故处理方法。

（3）在工作中正确使用安全防护用品，如安全帽、工作服、防护口罩、安全带、防护服、绝缘手套等。

（4）严格执行“两票三制”，杜绝无票工作、搭票工作。

（5）杜绝侥幸心理、英雄主义、违反《安规》和现场安全措施的行为。

（6）积极参加安全教育训练，提高危险点分析和事故处理的能力。

2．不伤害他人

（1）在工作中严格遵守《安规》和现场安全措施，必须执行危险点分析预控制度、操作票制度和操作监护制度。

（2）工作前必须对工作班成员进行安全交底和技术交底。

（3）在工作中使用合格的工器具，高处作业要做好放置工器具掉落伤人的措施。

（4）有可能对他人造成危害的工作，要做好必要的安全措施，如拉警示线、悬挂安全警示标示牌、设置围栏等措施。

（5）杜绝违章指挥和强令冒险作业的行为。

3．不被他人伤害

（1）提高自我防护意识，保持警惕，尽量远离高温高压部位。

（2）严格遵守《安规》和现场安全措施，正确佩戴安全防护用品。

（3）冷静处理所遭遇的突发事件，正确应用所学安全技能。

（4）拒绝他人的违章指挥和强令冒险作业。

4．保护他人不被伤害

（1）发现他人违反《安规》和现场安全措施时，要立即制止。

（2）发现不安全因素时，及时提醒相关人员停止工作并做好防护措施。

（3）提醒他人遵守《安规》和现场安全措施。

第二节 运行业务安全技能

一、巡回检查

巡回检查工作是保障设备安全稳定运行、掌握设备健康状况、及时发现设备缺陷和隐患的基本手段，初级运维专责应掌握相关知识点和安全技能。具体的安全技能要求如下：

（一）巡回检查通用安全技能

（1）新参加工作的人员、实习人员和临时参加劳动的人员（管理人员、非全日制用工等），不得单独进行设备巡回检查工作。

（2）在运维岗位工作期限未满 3 个月的新员工，不得单独巡视。

（3）巡回检查人员执行设备巡回检查时，应按照现场安全规程要求，做好个人安全防护，携带照明器件和必要的安全用具。

（4）巡回检查工作需要打开的设备房间门、开关箱、配电箱、端子箱等，在检查工作结束后应随手关好。

（5）巡回检查人员在进行巡视工作过程中，不准进行其他工作。

（6）巡回检查人员在进行巡视工作过程中，不准移开或越过遮栏。

（7）巡回检查人员在进行巡视工作过程中，不允许随意拆除检修安全措施或挪动检修安全遮栏，不许擅自变更安全措施或设备运行方式。

（8）巡回检查人员巡视室内设备时，应随手关门。

（9）巡回检查人员在工作过程中，应保持通信畅通。

（10）巡回检查人员应掌握可能存在有毒、有害气体的场所。

（11）巡回检查人员应佩戴合格的安全帽，女性工作人员的辫子、长发应盘在工作帽内。

（12）巡回检查人员在工作过程中，应穿着合身的工作服，衣服和袖口应扣好；禁止戴围巾和穿长衣服。工作服应为棉质衣料，禁止穿着尼龙、化纤或棉与化纤混纺的衣料制成的工作服，以防工作服遇火燃烧加重烧伤程度。

（13）巡回检查人员进入生产现场应穿绝缘、防砸工作鞋，禁止穿布鞋、拖鞋、凉鞋、高跟鞋，禁止女性工作人员穿裙子。

（14）巡回检查人员在工作过程中，应注意脚下行走线路，按巡视的固定路线行走，不得偏离行走通道或通道。有必要做积极事故处理时除外。

（二）电气设备巡视安全技能

1．一般电气设备巡视安全技能

（1）工作场所的照明，应该保证足够的亮度。在装有电压、电流、频率、电能、设备位置指示等表计的仪表盘、楼梯、通道以及所有靠近裸露带电设备等的狭窄地方的照明，尤应光亮充足。在操作盘、重要表计、主要楼梯、通道等地点，还应设有事故照明。

（2）高压设备发生接地时，室内巡回检查人员应距离故障点4m以外，室外巡回检查人员应距离故障点8m以外。进入上述范围的巡回检查人员应穿绝缘靴，接触设备的外壳和构架时，应戴绝缘手套。

（3）巡回检查人员巡检过程中，身体不得碰及电气设备的裸露部件，并保持与带电设备的安全距离。

（4）巡回检查工作人员不准在GIS电气设备防爆膜、压力释放阀附近停留。若在巡视中发现异常情况，应立即报告，查明原因，采取有效措施进行处理。

（5）巡回检查人员巡检过程中，不得踩踏电气设备引出线、绝缘盒、连接梁、汇流排等绝缘部件。

（6）运维人员在发电机（电动机）内部风道巡检时，应注意脚下行走路线，防止进入发电机（电动机）中性点及引出线等禁行区域。

（7）巡回检查人员对发电机（电动机）、电气盘柜内部巡视时，无关杂物应取出，不得穿有钉子的鞋子入内。

（8）对发电机（电动机）、电气盘柜内部巡视时，人员及其所携带的工具、材料等应登记，工作结束时要清点，不可遗漏。

2．SF_6 配电装置室巡视工作

（1）巡回检查的人员进入 SF_6 配电装置室，入口处若无 SF_6 气体含量显示器，应先通风 15min，并用检漏仪测量 SF_6 气体含量合格。尽量避免一人进入 SF_6 配电装置室进行巡视，不准一人进入从事检修工作。

（2）巡回检查的人员不准在 SF_6 设备防爆膜附近停留。若在巡视中发现异常情况，应立即报告，查明原因，采取有效措施进行处理。

（3）巡回检查的人员进入 SF_6 配电装置低位区或电缆沟进行工作，应先检测含氧量（不低于 18%）和 SF_6 气体含量是否合格。

（4）SF_6配电装置发生大量泄漏等紧急情况时，巡回检查的人员应迅速撤出现场，开启所有排风机进行排风。未佩戴防毒面具或正压式空气呼吸器者禁止入内。只有经过充分的自然排风或强制排风，并用检漏仪测量SF_6气体合格，用仪器检测含氧量（不低于18%）合格后，巡回检查的人员才准进入。

（5）巡视工作结束后，巡回检查的人员应洗澡，把用过的工器具、防护用具清洗干净。

（三）机械设备巡视安全技能

1．一般机械设备巡视安全技能

（1）机器的转动部分应装有防护罩或其他防护设备（如栅栏），露出的轴端应设有护盖，以防绞卷衣服。

（2）工作场所的照明，应该保证足够的亮度。在装有水位计、压力表、真空表、温度表、各种记录仪表等的仪表盘、楼梯、通道以及所有靠近机器转动部分和高温表面等的狭窄地方的照明，尤应光亮充足。在操作盘、重要表计（如水位计等）、主要楼梯、通道等地点，还应设有事故照明。

（3）巡回检查人员巡检过程中，禁止从联轴器（靠背轮）和齿轮上取下防护罩或其他防护设备。

（4）巡回检查人员发现法兰、阀门、管路接头等处存在渗漏油现象，应及时拭净，不许任其留在地面或设备上。

（5）巡回检查人员的工作服不应有可能被转动的机器绞住的部分。

（6）巡回检查人员巡检过程中，身体不得碰及转动部件，要保持与转动设备留有安全距离。

2. 带压机械设备巡视安全技能

（1）巡回检查人员不得正面观察压力释放装置，并不得在压力释放的方向上长时间停留。

（2）巡回检查人员在带压管路的法兰、阀门、管路接头附近观察、听是否存在渗漏现象时，不得靠的过近，防止渗漏压力介质伤人，必要时佩戴护目镜进行检查。

（四）高处设备巡视安全技能

（1）在 5 级及以上的大风以及暴雨、雷电、大雾等恶劣天气下，应停止露天高处巡视工作。

（2）高处巡回检查的人员，应每年进行一次体检。

（3）高处巡回检查的人员应身体健康。患有精神病、癫痫病及经医师鉴定患有高血压、心脏病等不宜从事高处作业病症的人员，不准参加高处巡回检查工作。

（4）凡发现高处巡回检查的人员有饮酒、精神不振时，应禁止其进行高处设备的巡回检查工作。

（5）高处巡回检查的人员应衣着灵便，穿软底鞋，并正确佩戴个人防护用具。

（6）高处巡回检查的人员在作业过程中，应随时检查安全器具是否牢固。在移动位置时不得失去保护。

（7）高处巡回检查的人员在上爬梯时，应逐档检查爬梯是否牢固，上下爬梯应抓牢，并不准两手同时抓一个梯阶。上下垂直爬梯要使用防坠安全自锁装置或速差自控器。

（五）电缆井、沟内的巡视安全技能

（1）电缆隧道应有充足的照明，并有防火、防水、通风的措施。

（2）巡回检查的人员开启电缆井井盖、电缆沟盖板及电缆隧道人孔盖时应使用专用工具，同时注意所立位置，以免滑脱后伤人。开启后应设置标准路栏围起，并设人看守。巡回检查的人员撤离电缆井或隧道后，应立即将井盖盖好。

（3）巡回检查的人员进入电缆井、电缆隧道内巡视时，应先用吹风机排除浊气，再用气体检测仪检查井内或隧道内的易燃易爆及有毒气体的含量是否超标，并做好记录。

（4）巡回检查的人员将电缆沟的盖板开启后，应自然通风一段时间，经测试合格后方可下井沟开始设备巡视工作。

（5）电缆井、隧道内工作时，通风设备应保持常开。在通风条件不良的电缆隧（沟）道内进行长距离巡视时，巡回检查的人员应携带便携式有害气体测试仪及自救呼吸器，并做好防毒防窒息等防护措施。

（六）水下巡视安全技能

（1）进行水下巡视作业的人员要具备水下作业相关资质。

（2）需水下检查闸门门槽、门坎、过流堰等水工建筑物和金属结构时，应事先制订计划，办理工作票许可手续。

（3）巡回检查的人员在进入水下进行巡视工作前，需确保已将相关发电机组停运。

（七）野外巡视安全技能

（1）巡回检查的人员进行野外巡视应配备必要的防护用品。

（2）巡回检查的人员野外巡视应穿工作鞋。

（3）巡回检查的人员进行野外巡视期间，应注意天气变化，若遇有大风、暴雨、打雷及大雾等恶劣气候，应停止露天作业，迅速撤离至安全地带。禁止在山顶和树下避雨。

（4）巡回检查的人员在山野中巡视时，应站在稳固安全的地方，不准站在陡坡或不稳定的孤石上，必要时巡视人员还应佩戴安全绳，同时应防止落石伤人。

（5）巡回检查的人员野外巡视时，应配备通信工具，保证随时可与其他人员联络。深山密林中巡视检查应防止误踩深沟、陷阱，不要单独远离作业场所，作业完毕，应清点人数。

（6）巡回检查的人员在有毒蛇、野兽、毒蜂等危害动物的地区进行野外巡视时，应携带必要的保护器械、防护用品及药品。

（7）野外从事巡回检查的人员不准穿越不明深浅的水域，注意避开山洪。

（8）巡回检查的人员应自备饮水，禁止饮用不明水质的野外水源。

（9）巡回检查的人员不得冒险攀登陡坡、险崖。必须上陡坡、险崖才能进行的工作，应采取安全措施。

（八）洞室等有限空间巡视作业安全技能

（1）巡回检查的人员进入廊道、隧道、地下井、坑、洞室等有限空间内进行巡视工作前应进行通风，必要时使用气体检测仪检测有毒有害气体，禁止使用燃烧着的火柴或火绳等方法检测残留的可燃气体。

（2）进入有限空间进行巡视工作时，巡回检查的人员不得少于两人。

（3）进入有水的廊道、隧道、地下井、坑、洞室等有限空间内进行巡视时，巡回检查的人员应穿防滑橡胶靴。

（4）在廊道、隧道、地下井、坑、洞室等有限空间内进行巡视工作时，巡回检查的人员应用 12 ~ 36V 的行灯。有害易燃气体的廊道、隧道、地下井、坑、洞室内工作，应使用携带式的防爆电灯或矿工用的蓄电池灯。

（5）在可能发生有毒有害气体的地下井、坑等有限空间内进行巡视工作的人员，除应戴防毒面具外，还应使用安全带，安全带绳子的一端紧握在上面监护人手中。如果监护人需进入地下井、坑作救护，应先戴上防毒面具和系上安全带，并应另有其他人员在上面做监护。预防一氧化碳、硫化氢及煤气中毒，须戴上有氧气囊的防毒面具。

（九）自然灾害及极端天气期间巡视安全技能

1．雷雨天巡视安全技能

雷雨天气，需要巡视室外高压设备时，巡回检查的人员应穿绝缘靴，并不准靠近避雷器和避雷针。

2．火灾、地震、台风、冰雪、洪水、泥石流、沙尘暴等灾害期间巡视安全技能

（1）应尽量不安排或少安排户外设备巡回检查工作。

（2）如确实需要进行检查时，应制定并落实必要的安全措施，工作前应经过各单位运维检修部领导批准，灾情严重的还应经过本单位分管领导批准，并至少两人一组。

（3）工作过程中，运维负责人或机电运维班班长应加强与巡回检查人员的沟通联系。

二、倒闸操作和隔离操作

初级运维专责在操作工作中担任操作人角色，根据调度值班调控人员或电厂运维负责人（发令人）下达的操作指令拟写操作票，准备操作工器具和安全工器具，参加模拟预演后，操作人在接收监护人正式操作指令后，准备开始操作，操作过程严格执行“监护复诵”制度并依次执行操作票所列操作项目。

（一）操作人的安全职责

（1）监护操作中负责填写操作票，操作票现场执行过程中实际操作设备的人员，操作人应按照操作顺序填写操作票的操作内容。

（2）应熟悉现场设备、现场运行规程及调度规程等，掌握调度属于和操作术语，能正确接收操作指令。

（3）应了解清楚操作目的、操作顺序及操作过程中的危险点以及危险点的预控措施。

（4）按规定填写操作票，对操作票的正确性负责。

（5）操作中按要求做好联系工作。

（6）按有关规定认真对待操作，对人身和所操作设备的安全负责。

（7）接受口头命令时自觉重复命令，保证复诵内容正确且语言清晰。

（8）不执行违章的操作命令和使用不合格的操作票。

（9）在操作中严格执行“唱票”程序。

（10）会同监护人共同执行《国网新源控股有限公司操作票管理手册》要求的操作程序。

（二）操作票拟票

（1）操作人接受操作指令（操作任务）后，操作人负责拟写操作票。

（2）拟票人应根据操作任务要求，核对实际运行方式，核对系统图，查证系统逻辑关系，认真填写操作项目，严禁直接套用典型操作票。

1）拟订操作票时“三考虑”要求：①考虑一次系统改变对二次自动装置和保护装置的影响；②考虑系统改变后安全可靠性和经济合理性；③考虑操作中可能出现的问题及处理措施和注意事项。

2）拟订操作票时“五对照”要求：①对照现场实际设备状态；②对照系统运行方式；③对照现场运行规程及有关规定；④对照运行图纸；⑤对照原有操作票和“典型操作票”。

操作票的拟写正确是安全操作的基础，拟写操作票应充分考虑被操作设备与各方面的关联以及状态变化前后对相关方面的影响，包含一次与二次设备之间、机械与电气设备之间、控制与动力设备之间以及对水工建筑物的影响等。

（3）操作票应填写设备的双重名称，每份操作票只能填写一个操作任务，一个操作任务系指根据同一操作指令，且为了相同的操作目的而进行的一系列相互关联、并依此进行的操作的全过程。

（4）操作项目中的直接操作内容和检查内容不能并项填写，应填写的项目须按照《国网新源控股有限公司操作票管理手册》要求填入操作票内。

操作项目内容详见《国家电网公司电力安全工作规程　变电部分》《国家电网公司电力安全工作规程　水电厂动力部分》相关要求。

（5）拟票人应分析操作过程中的危险点以及相关预控措施，填写“危险点分析预控卡”，可结合操作票风险库和《抽水蓄能电站作业风险辨识手册》进行危险点分析、预控。

操作票的危险点分析、预控应全面，控制操作中的危险因素是为拟票人（操作人）本人的安全负责。

（三）操作前准备

（1）操作前监护人和操作人应核对实际运行方式，核对系统图，明确操作任务和操作目的，必要时应向发令人（运维负责人）询问清楚，确认无误。

（2）操作前，操作人应按操作票要求准备必要的安全工器具、操作工具、隔离链条、钥匙、挂锁、标示牌等，检查所用的安全工器具合格并符合现场实际操作要求。

（3）接到当班运维负责人批准的操作票后，在实际操作前，监护人还应先核对电站接线方式、机组运行情况等，开展危险点分析，交待操作人安全注意事项。

（4）操作前的主要风险防范见表1-3。

表 1-3　　　　操作前的主要风险防范

序号	主要步骤	存在风险	风险种类	风险等级	应对措施	责任方
1	确定运行操作人员	拟票错误、误操作	责任风险	较大	值班负责人安排合适的运行人员拟写操作票	部门
2	操作人根据操作内容进行资源配置（参见《抽水蓄能电站作业风险防范和辨识手册电站运行操作》具体作业前资源配置表）	操作人对人员、设备、作业对象、施工环境、作业器具等分析不清楚发生事故	事故风险	一般	加强对作业指导书的学习	班组
					加强对风险评估规范的学习和培训，培养操作前评估风险的良好习惯	部门
3	操作人、监护人依据评估规范及资源配置进行作业风险分析	未进行风险评估或风险评估不详细造成事故	事故风险	一般	加强对作业风险评估的执行	公司
					加强对风险评估规范的学习和培训，培养操作前评估风险的良好习惯	部门
4	操作人准备操作票和工器具	操作票填写错误，工器具准备不当	事故风险	重大	操作人根据检修任务（工作票）隔离措施要求，参照标准操作票，拟写操作票	班组
					值班负责人针对检修任务以及工作票隔离措施要求，安排监护人对操作人拟写的操作票进行审核，运维负责人对经监护人审核后的操作票再次审核	部门
					监护人对操作票和工器具准备情况检查确认	班组
					运维负责人对经审核后的操作票批准，布置操作任务	部门

续表

序号	主要步骤	存在风险	风险种类	风险等级	应对措施	责任方
5	操作人进行一分钟风险预想	没有进行风险预想造成作业班人员对风险预知不充分	事故风险	一般	坚持开展一分钟风险预想活动，并形成习惯	部门与班组
				一般	加强对风险评估规范的学习和培训	部门与班组
6	操作人及监护人确认自身工作状态、工器具及设备状态无误允许操作	未按要求进行各项内容确认造成事故	事故风险	一般	严格执行操作人及监护人确认要求	部门与班组

（四）现场操作要求

（1）每次操作只能执行一份操作票。

（2）操作中发生疑问时，应立即停止操作并向发令人报告。待发令人再行许可后，方可进行操作。操作过程中如因设备缺陷或其他原因而中断操作时，应待缺陷处理好后继续操作；如缺陷暂时无法处理且对下面的操作安全无影响时，经发令人同意后方可继续操作；未操作的项目应在备注栏内注明原因。因故中断操作，在恢复操作前，操作人员应重新进行核对，确认被操作设备、操作步骤正确无误。

（3）操作人不得擅自更改操作票，不准随意解除闭锁装置。解锁工具（钥匙）应封存保管，所有操作人员和检修人员禁止擅自使用解锁工具（钥匙）。若遇特殊情况需解锁操作，应经运维管理部门防误操作装置专责人或运维管理部门指定并经书面公布的人员到现场核实无误并签字后，由运维人员告知当值调控人员，方能使用解锁工具（钥匙）。单人操作、检修人员在倒闸操作过程中禁止解锁。如需解锁，应待增派运维人员到现场，履行上述手续后处理。解锁工具（钥匙）使用后应及时封存并做好记录。

（4）运维人员的正常操作不受任何人非法干预。

（5）操作过程的主要风险防范见表 1-4。

表 1-4　　　　　　操作过程的主要风险防范

序号	主要步骤	存在风险	风险种类	风险等级	应对措施	责任方
1	运行人员进行操作完成后的检查，监护人确认操作正确	未进行检查草率完工	责任风险	重大	严格执行运行操作有关规章制度，加强考核评价	公司及部门
					操作人检查相关的设备设施的状态是否符合要求，监护人确认	班组

续表

序号	主要步骤	存在风险	风险种类	风险等级	应对措施	责任方
2	检查和清点人、工器具、物资等配备的资源	1）现场未清理，人员、工器具遗留；2）废弃物未分类收拾	事故风险	重大	严格执行作业现场管理标准，加强监督考核	公司及部门
					工作结束后，操作人对人员、所携带的工器具、备件和材料进行清点核查，检查有无物件遗留	班组
					遗留的废弃物应按照分类处置	班组
3	断开操作所需的临时动力源（气源及电源）	电源、气源未断开	事故风险	一般	工作完成后应立即断开所有的动力源	班组
4	操作结束后的交接	工作交接不到位	责任风险	重大	操作人终结操作票，向运维负责人汇报；对运行操作碰到的问题应书面予以说明	部门与班组

（五）操作终结

（1）操作票上涉及接地开关（接地线）应立即在生产管理系统中登记。

（2）将纸质的操作票按规定存放。

（3）操作票的执行代表着设备状态的变化。操作人和监护人必须及时登记、反馈相关信息，以利于运维负责人和其他生产人员根据新的情况进行工作安排。

三、运维钥匙使用安全注意事项

（1）运维钥匙使用中，任何人发现钥匙命名标签脱落、损坏，必须及时通知运维检修部钥匙维护管理人员更新。

（2）没有经过借用许可手续前，任何人不得随意动用运维钥匙。

（3）开展日常运维工作时，运维人员如需使用运维钥匙，则要凭借工作票、分配的日常巡检计划等借用运维钥匙，操作 /ONCALL 组负责借用钥匙的人员在确认安全、无误后，方可将钥匙借给相关工作面的工作负责人。

（4）钥匙借用人员在使用完毕运维钥匙后，须立即归还。如工作为跨天工作，则在当天工作收工后，要将钥匙归还，第二天开工前再重新办理借用手续。

（5）电气设备检修时需要对检修设备解除五防的解锁操作，应由检修人员提出申请，由安全专工、运维负责人、运维检修部负责人同意签名后，方可进行监护（操作、ONCALL 组人员）解锁操作。

（6）一类钥匙的使用，必须按五防装置解锁钥匙使用规定，履行现场确认签名手续，填写《一类钥匙使用确认单》。

（7）特殊情况下，防误装置及电气设备出现异常要求解锁操作，由操作人员提出申请，经安全专工（五防专工、防误操作装置专责人）现场核实无误，确认需要解锁操作，经安全专工同意并签字后，由运维负责人同意并签字（涉及调度管辖设备还应取得当班调度员同意），并经运维检修部负责人同意签字后，方可使用五防防误装置解锁钥匙进行操作。

（8）紧急情况下，对危及人身、电网和设备安全等情况需要解锁操作，可经运维负责人同意并下令紧急使用五防防误装置解锁钥匙进行操作，涉及调度管辖设备还应取得当班调度员同意。事后应告知安全专工并补充填写《一类钥匙使用确认单》。

（9）非生产人员，或外单位无关人员，不得借用三类运维钥匙。若上述人员需到现场进行参观巡视，则必须由本单位具备资格人员陪同，并办理钥匙借用手续。

四、安全工器具管理

（1）安全工器具在使用前应进行外观检查。安全带应按规定定期抽查检验，不合格的不准使用。

（2）任何人进入生产现场（办公室、控制室、值班室和检修班组室除外），应正确佩戴安全帽。

（3）带电作业不得使用非绝缘绳索（如棉纱绳、白棕绳、钢丝绳）。

（4）停电更换熔断器后，恢复操作时，应戴手套和护目眼镜。

（5）使用金属外壳的电气工具时应戴绝缘手套。

（6）在户外变电站和高压室内搬动梯子、管子等长物，应两人放倒搬运，并与带电部分保持足够的安全距离。

（7）在变、配电站（开关站）的带电区域内或临近带电线路处，禁止使用金属梯子。

（8）在梯子上使用电气工具，应做好防止感电坠落的安全措施。

（9）高处作业均应先搭设脚手架、使用高空作业车、升降平台或采取其他防止坠落措施，方可进行。

（10）在没有脚手架或者在没有栏杆的脚手架上工作，高度超过 1.5m 时，应使用安全带，或采取其他可靠的安全措施。

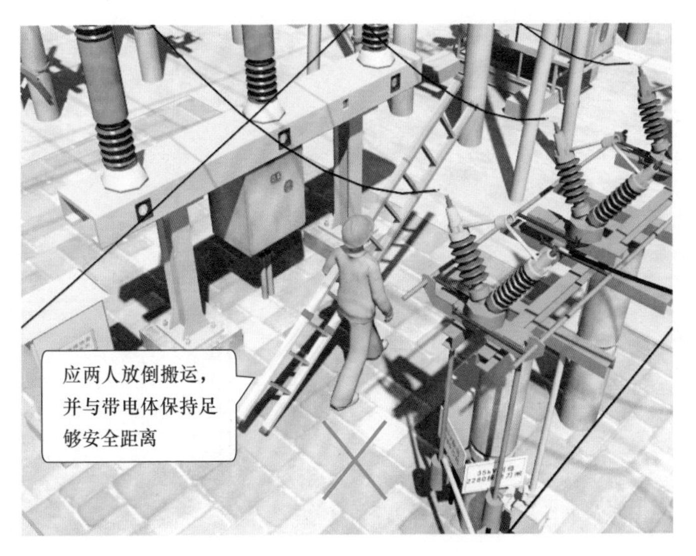

（11）在电焊作业或其他有火花、熔融源等的场所使用的安全带或安全绳应有隔热防磨套。

（12）梯子应坚固完整，有防滑措施。梯子的支柱应能承受作业人员及所携带的工具、材料攀登时的总重量。

（13）梯子不宜绑接使用。人字梯应有限制开度的措施。

（14）人在梯子上时，禁止移动梯子。

（15）在屋顶以及其他危险的边沿进行工作，临空一面应装设安全网或防护栏杆，否则，作业人员应使用安全带。

（16）高处作业区周围的孔洞、沟道等应设盖板、安全网或围栏并有固定其位置的措施。同时，应设置安全标志，夜间还应设红灯示警。

（17）任何电气设备上的安全标志牌，除原来放置人员或负责的运行值班人员外，其他任何人员不准移动。

在工作地点设置“在此工作！”的标示牌

（18）安全带的挂钩或绳子应挂在结实牢固的构件上，或专为挂安全带用的钢丝绳上，并不得低挂高用。禁止挂在移动或不牢固的物件上。

五、事故案例分析

［案例 2］ 某水电站 1 号机组 C 级检修，误操作阀门，导致大量水淋到操作人员身上

1．事故经过

某水电站 1 号机组进行 C 级检修开工，操作人李 ×、监护人张 × 办理完操作票手续后开始进行蜗壳、尾水管排水操作，操作至“打开 1 号机组蜗壳排水检修阀”时，由于现场无升降车等登高工具，于是暂未执行继续进行其他操作，计划由白班人员借用维护梯子操作。早上检查发现尾水管水已排空后将操作票打勾执行完毕。白班人员接班后，维护办理完“蜗壳通风、检查”工作票后，开始进行开启人孔门操作，在人孔门即将开启时，发现蜗壳内仍有大量水淋到操作人员身上。

2. 原因分析

（1）运行管理存在问题，现场无必需的操作工具；运行人员操作准备不充分，夜班进行操作未准备好用到的工器具。

（2）运行操作人员跳项操作且未记录、未交接，造成操作票执行不符合规定。

（3）全部操作完毕后，未进行复查。

（4）工作许可人、工作负责人在工作许可工作票时未现场检查核对安全措施（或措施不全），导致阀门未打开未发现。

[案例 2] 某水电站主变压器检修后进行恢复操作，主变压器低压侧电压互感器未推入工作位置，导致误操作

1. 事故经过

××××年 4 月 25 日，某水电站 3 号主变压器检修后运行人员进行恢复操作。09：00 由于巡检员、值班员去配合其他检修工作，运行值长便拟写了操作票。10：00 操作票拟写完毕，巡检员、值班员也回到值班室，巡检员、值班员看过操作票后履行完签字手续，开始操作。主变压器送电后，发现主变压器低压侧无电压，检查发现主变压器低压侧电压互感器未推入工作位置。

2．原因分析

（1）操作票内容填写错误，操作项目有遗漏是导致误操作的直接原因。

（2）运行人员操作票制度执行不严格，操作票应由操作人员填写，值班负责人审核，但案例中值长填写操作票导致缺少了审核人员。

（3）操作前，操作人员未进行预演，未能发现操作票中的遗漏项目。

（4）该水电站无防误闭锁装置或不完善。

第三节 电气设备检修维护安全技能

一、在电气设备上工作的组织措施

初级运维应初步掌握在电气设备上进行工作时的组织措施，主要包括工作票制度、工作许可制度、工作监护制度，应掌握工作票中各类人员的分工，同时应掌握工作票中工作班成员、被监护人的安全职责。

（一）工作票分类

在电气设备上工作，应填用工作票或事故紧急抢修单，主要有以下 3 种方式：

（1）填用第一种工作票；

（2）填用第二种工作票；

（3）填用事故紧急抢修单（仅用于事故紧急情况下）。

（二）工作票的使用

（1）运维人员实施不需高压设备停电或做安全措施的变电运维一体化业务项目时，可不使用工作票，但应以书面形式记录相应的操作和工作等内容。除此之外，其余在电气设备上的进行的工作，非事故紧急情况下，都应使用工作票。

（2）工作票需经工作许可人许可，并经由工作负责人向工作班成员交底，工作班成员确认签字后，才可正式开始工作。

（三）工作班成员的职责

（1）熟悉工作内容、工作流程，掌握安全措施，明确工作中的危险点，并履行确认手续。

（2）严格遵守安全规章制度、技术规程和劳动纪律，对自己在工作中的行为负责，互相关心工作安全，并监督本部分的执行和现场安全措施的实施。

（3）正确使用安全工器具和劳动防护用品。

二、在电气设备上工作的技术措施

在电气设备上工作，保证安全的技术措施包括停电、验电、接地和悬挂标示牌。初级运维应掌握工作中应进行停电的设备、简单常用的验电方法、装设接地线、悬挂标示牌的方法。

（一）停电

1. 工作地点应停电的设备

（1）检修的设备。

（2）与作业人员在进行工作中正常活动范围的距离，详见表1-1。

（3）在35kV及以下的设备处工作，安全距离大于《安规》规定的正常活动范围与带电设备的安全距离，但小于《安规》规定的设备不停电时的安全距离，同时又无绝缘隔板、安全遮栏措施的设备。

（4）带电部分在作业人员后面、两侧、上下，且无可靠安全措施的设备。

（5）其他需要停电的设备。

2．设备停电要求

（1）检修设备停电，应把各方面的电源完全断开（任何运行中的星形接线设备的中性点，应视为带电设备）。禁止在只经断路器（开关）断开电源或只经换流器闭锁隔离电源的设备上工作。应拉开隔离开关（刀闸），手车开关应拉至试验或检修位置，应使各方面有一个明显的断开点，若无法观察到停电设备的断开点，应有能够反映设备运行状态的电气和机械等指示。与停电设备有关的变压器和电压互感器，应将设备各侧断开，防止向停电检修设备反送电。

（2）检修设备和可能来电侧的断路器（开关）、隔离开关（刀闸）应断开控制电源和合闸能源，隔离开关（刀闸）操作把手应锁住，确保不会误送电。

（3）对难以做到与电源完全断开的检修设备，可以拆除设备与电源之间的电气连接。

（二）验电

（1）验电时，应使用相应电压等级而且合格的接触式验电器，在装设接地线或合接地开关（装置）处对各相分别验电。验电前，应先在有电设备上进行试验，确证验电器良好；无法在有电设备上进行试验时可用工频高压发生器等确证验电器良好。

（2）高压验电应戴绝缘手套。验电器的伸缩式绝缘棒长度应拉足，验电时手应握在手柄处不得超过护环，人体应与验电设备安全距离，详见表1-1设备不停电时的安全距离。雨雪天气时不得进行室外直接验电。

（3）对无法进行直接验电的设备、高压直流输电设备和雨雪天气时的户外设备，可以进行间接验电，即通过设备的机械指示位置、电气指示、带电显示装置、仪表及各种遥测、遥信等信号的变化来判断。判断时，至少应有两个非同样原理或非同源的指示发生对应变化，且所有这些确定的指示均已同时发生对应变化，才能确认该设备已无电。以上检查项目应填写在操作票中作为检查项。检查中若发现其他任何信号有异常，均应停止操作，查明原因。若进行遥控操作，可采用上述的间接方法或其他可靠的方法进行间接验电。

（4）330kV 及以上的电气设备，可采用间接验电方法进行验电。

（5）表示设备断开和允许进入间隔的信号、经常接入的电压表等，如果指示有电，在排除异常情况前，禁止在设备上工作。

（三）接地

（1）装设接地线应由两人进行（经批准可以单人装设接地线的项目及运维人员除外）。

（2）当验明设备确已无电压后，应立即将检修设备接地并三相短路。电缆及电容器接地前应逐相充分放电，星形接线电容器的中性点应接地、串联电容器及与整组电容器脱离的电容器应逐个多次放电，装在绝缘支架上的电容器外壳也应放电。

（3）对于可能送电至停电设备的各方面都应装设接地线或合上接地开关（装置），所装接地线与带电部分应考虑接地线摆动时仍符合安全距离的规定。

（4）对于因平行或邻近带电设备导致检修设备可能产生感应电压时，应加装工作接地线或使用个人保安线，加装的接地线应登录在工作票上，个人保安线由作业人员自装自拆。

（5）在门型构架的线路侧进行停电检修，如工作地点与所装接地线的距离小于 10m，工作地点虽在接地线外侧，也可不另装接地线。

（6）检修部分若分为几个在电气上不相连接的部分［如分段母线以隔离开关（刀闸）或断路器（开关）隔开分成几段］，则各段应分别验电接地短路。降压变电站全部停电时，应将各个可能来电侧的部分接地短路，其余部分不必每段都装设接地线或合上接地开关（装置）。

（7）接地线、接地开关与检修设备之间不得连有断路器（开关）或熔断器。若由于设备原因，接地开关与检修设备之间连有断路器（开关），在接地开关和断路器（开关）合上后，应有保证断路器（开关）不会分闸的措施。

（8）在配电装置上，接地线应装在该装置导电部分的规定地点，应去除这些地点的油漆或绝缘层，并划有黑色标记。所有配电装置的适当地点，均应设有与接地网相连的接地端，接地电阻应合格。接地线应采用三相短路式接地线，若使用分相式接地线时，应设置三相合一的接地端。

（9）装设接地线应先接接地端，后接导体端，接地线应接触良好，连接应可靠。拆接地线的顺序与此相反。装、拆接地线导体端均应使用绝缘棒和戴绝缘手套。人体不得碰触接地线或未接地的导线，以防止触电。带接地线拆设备接头时，应采取防止接地线脱落的措施。

（10）成套接地线应用有透明护套的多股软铜线和专用线夹组成，接地线截面不得小于25mm^2，同时应满足装设地点短路电流的要求。

禁止使用其他导线作接地线或短路线。

接地线应使用专用的线夹固定在导体上，禁止用缠绕的方法进行接地或短路。

（11）禁止作业人员擅自移动或拆除接地线。高压回路上的工作，必须要拆除全部或一部分接地线后始能进行工作者［如测量母线和电缆的绝缘电阻，测量线路参数，检查断路器（开关）触头是否同时接触］，如：

1）拆除一相接地线。

2）拆除接地线，保留短路线。

3）将接地线全部拆除或拉开接地开关（装置）。

上述工作应征得运维人员的许可（根据调控人员指令装设的接地线，应征得调控人员的许可），方可进行。工作完毕后立即恢复。

（12）每组接地线及其存放位置均应编号，接地线号码与存放位置号码应一致。

（13）装、拆接地线，应做好记录，交接班时应交待清楚。

（四）悬挂标示牌和装设遮栏（围栏）

（1）在一经合闸即可送电到工作地点的断路器（开关）和隔离开关（刀闸）的操作把手上，均应悬挂“禁止合闸，有人工作!”的标示牌。

如果线路上有人工作，应在线路断路器（开关）和隔离开关（刀闸）操作把手上悬挂“禁止合闸，线路有人工作!”的标示牌。

对由于设备原因，接地开关（装置）与检修设备之间连有断路器（开关），在接地开关（装置）和断路器（开关）合上后，在断路器（开关）操作把手上，应悬挂“禁止分闸!”的标示牌。

在显示屏上进行操作的断路器（开关）和隔离开关（刀闸）的操作处应设置“禁止合闸，有人工作!”或“禁止合闸，线路有人工作!”以及“禁止分闸!”的标记。

（2）部分停电的工作，安全距离小于《安规》规定的设备不停电时的安全距离的未停电设备，应装设临时遮栏，临时遮栏与带电部分的距离不得小于《安规》规定的作业人员工作中正常活动范围与带电设备的安全距离，临时遮栏可用干燥木材、橡胶或其他坚韧绝缘材料制成，装设应牢固，并悬挂“止步，高压危险!”的标示牌。

35kV及以下设备可用与带电部分直接接触的绝缘隔板代替临时遮栏。绝缘隔板绝缘性能应符合《安规》规定的安全工器具试验项目、周期和要求。

（3）在室内高压设备上工作，应在工作地点两旁及对面运行设备间隔的遮栏（围栏）上和禁止通行的过道遮栏（围栏）上悬挂“止步，高压危险!”的标示牌。

（4）高压开关柜内手车开关拉出后，隔离带电部位的挡板封闭后禁止开启，并设置“止步，高压危险!”的标示牌。

（5）在室外高压设备上工作，应在工作地点四周装设围栏，其出入口要围至临近道路旁边，并设有“从此进出!”的标示牌。

工作地点四周围栏上悬挂适当数量的“止步，高压危险!”标示牌，标示牌应朝向围栏里面。若室外配电装置的大部分设备停电，只有个别地点保留有带电设备而其他设备无触及带电导体的可能时，可以在带电设备四周装设全封闭围栏，围栏上悬挂适当数量的“止步，高压危险!”标示牌，标示牌应朝向围栏外面。禁止越过围栏。

（6）在工作地点设置“在此工作!”的标示牌。

（7）在室外构架上工作，则应在工作地点邻近带电部分的横梁上，悬挂“止步，高压危险!”的标示牌。在作业人员上下铁架或梯子上，应悬挂“从此上下!”的标示牌。在邻近其他可能误登的带电构架上，应悬挂“禁止攀登，高压危险!”的标示牌。

（8）禁止作业人员擅自移动或拆除遮栏（围栏）、标示牌。因工作原因必须短时移动或拆除遮栏（围栏）、标示牌，应征得工作许可人同意，并在工作负责人的监护下进行。完毕后应立即恢复。

三、在电气设备上工作的安全技能

初级运维专职应了解在电气设备上工作的常见危险点，了解常用的电气工器具、电气设备个人防护用品的使用，加强电气设备防误闭锁的学习，掌握有毒气体场所安全注意事项。

（一）通用危险点分析及预控措施

在电气设备上进行工作，主要危险点见表1-5。

表 1-5 电气设备工作主要危险点分析及预控措施

危险点	危险内容或原因	危险点发生场合	预控措施
触电	1. 触碰带电部位	电气设备日常巡视；电气设备清扫维护；高低压设备检修；临时电源接线	（1）巡视时不得随意触碰电气设备外壳； （2）盘柜内工作，必要时断开盘内的交流和直流电源；防止金属裸露工具与低压电源接触，造成低压触电或电源短路； （3）设备检修前做好检修工作隔离措施，设备保持有效接地； （4）对可能引发误碰的回路、设备、元件设置防护带和悬挂警示牌； （5）工作前验电； （6）使用个人绝缘防护用品
	2. 设备漏电	金属外壳电气设备；金属外壳电动工具	（1）使用带漏电保护的工器具； （2）检修临时电源严格履行管理手续； （3）使用金属工器具时用好个人绝缘防护用品
	3. 感应触电	高压设备日常巡视；电力电缆线路检修；高低压设备检修	（1）巡视时应注意与高压带电设备保持必要距离，雨天巡视户外高压设备时应穿戴好绝缘防护用品，禁止靠近避雷器与避雷针； （2）检修设备保持有效接地； （3）使用个人保安线； （4）与邻近带电设备保持有效距离，或使用绝缘板有效隔断
	4. 检修设备突然来电	高低压设备检修	（1） 做好检修工作隔离措施，设备保持有效接地； （2）工作中断、转移时先验电； （3）使用个人绝缘防护用品
	5. 设备倒（反）送电	低压配电设备检修；二次系统倒送电	（1）做好检修工作隔离措施； （2）充分考虑备自投设备和二次设备倒送电影响，消除倒送电可能
	6. 残余电伤人	高低压设备检修；电气试验	（1）做好检修工作隔离措施，设备保持有效接地； （2）使用个人绝缘防护用品； （3）变更试验接线前应充分放电，每次接线前都应再次验电； （4）电容器、电感等设备充分放电，星形设备中性点接地、验电

续表

危险点	危险内容或原因	危险点发生场合	预控措施
触电	7. 低压设备触电	在特定场合（金属密闭容器、特别潮湿空间）工作	（1）使用 12V 手持照明灯具； （2）检查电动工器具有良好的绝缘； （3）在容器或工作空间外设置漏电保护器
机械伤害	1. 弹簧或液压机构伤人	带储能回路的操作机构检修	（1）工作前释放断路器储能弹簧等带压力的操作机构，切断储能回路电源； （2）正确使用防护用品； （3）进行断路器操作机构检修等工作，应在有经验人员的指导下进行
	2. 转动设备伤人	电机设备检修	工作中对电机的电源回路做好相关隔离
	3. 搬运等造成碰伤	高低压设备检修；断路器检修	（1）正确佩戴安全帽等防护用品，注意周围环境，防止磕碰； （2）梯子应两人放倒搬运； （3）搬运断路器等较重物件，应使用专用的手车等设备，并做好设备防坠落的措施
	4. 受限空间挤压触碰	发电机、变压器、GIS 等设备检修	（1）作业时应采取安全措施尽可能避免作业伤害； （2）加强对作业指导书中对受限区域临时照明的要求； （3）正确使用劳动防护用品
走错间隔（误入带电区域）	1. 误入带电区域	高低压设备日常巡视；高低压设备检修	（1）进入设备间或围栏前应仔细核对名称与编号双命名； （2）按照巡检路线行走，不做与巡检无关的工作； （3）正确安装遮栏，悬挂标示牌； （4）重要的、特别危险的区域，例如变压器中性点等易误入导致触电场所，宜增加机械五防锁具； （5）严格执行两票三制，工作前仔细核对设备双重命名； （6）在监护下进行工作

续表

危险点	危险内容或原因	危险点发生场合	预控措施
走错间隔（误入带电区域）	2. 误拆电隔板	高压开关柜检修； 发电机出口设备检修	（1）工作中不得随意解除电气设备五防闭锁； （2）严格执行两票三制，工作前仔细核对设备双重命名； （3）正确安装遮栏，悬挂标示牌； （4）在监护下进行工作
	3. 带电距离不足	高压设备检修	（1）正确安装遮栏，悬挂标示牌； （2）工作中距离带电设备安全距离不足时，应增加绝缘隔断； （3）工作中将可能来电的邻近设备隔离、接地
高处坠落	1. 在高处工作	高处设备日常巡视； 高处设备操作； 高压线路检修； 发电机、变压器检修； GIS 检修； 照明系统检修	（1）作业人员必须身体状况良好； （2）正确使用劳动防护用品，含安全带、防坠器、安全网等设备； （3）在高压设备上工作，做好防止感应电引起高处坠落的措施
	2. 使用升降车等特种车辆	高压线路检修； GIS 检修； 照明系统检修	（1）作业前检查设备状况良好，在检验有效期内； （2）特种设备按照相关法律法规使用、检验； （3）人员正确使用劳动防护用品
	3. 使用梯子	高压开关柜检修； GIS 检修； 发电机出口设备检修	（1）使用前检查梯子状况良好，在检验有效期内； （2）使用梯子时应符合相关规定
	4. 使用脚手架	GIS 检修； 高压线路检修	（1）脚手架的搭设、拆除必须由有资质的人员完成，经过专门的验收才可投入使用； （2）人员在脚手架上工作时必须按规范挂好安全带
火灾爆炸	1. 动火作业引起火灾	动火作业	（1）办理动火工作票； （2）在严禁动火的区域，不得进行动火作业； （3）厂房内消防设施必须保证状态良好，自动灭火装置投入使用

续表

危险点	危险内容或原因	危险点发生场合	预控措施
火灾爆炸	2．电气设备着火引起火灾	设备短路或放电；设备绝缘损坏；预防性试验时超出设备承受范围	（1）工作中使用绝缘工器具，工作时做好防止电气设备短路的安全措施；（2）厂房内消防设施必须保证状态良好，自动灭火装置投入使用；（3）进行设备预防性试验时，必须缓慢升压，仔细观察设备状态，如有异常味道、声响和振动应及时停止升压，并进行降压、断电、放电接地，而后再检查分析
	3．电气设备爆炸引起火灾	设备短路或放电；TA、TV 接线错误；带压设备误操作	（1）工作中使用绝缘工器具，工作时做好防止电气设备短路的安全措施；（2）涉及 TA、TV 接线时必须仔细核对，防止 TA 二次侧开路，TV 二次侧短路；（3）工作中严禁随意解除电气设备五防闭锁，严禁检修人员操作运行设备
	4．可燃气体引起爆炸引起火灾	电焊现场	使用氧气和乙炔进行电焊时，气瓶之间的距离、气瓶压力和摆放等应满足相应规范要求
SF_6气体毒害	SF_6气体泄漏	SF_6设备间日常巡检；SF_6设备维护；SF_6设备维护检修	（1）进入室内前检测 SF_6 气体含量及含氧量；（2）如无报警系统，应开启通风并至少运行 15min 后才可进入；（3）进行密度继电器等相关工作时必要时使用有氧防毒面具

（二）使用电气工器具安全注意事项

1．电气工器具的保管、使用及检查

（1）电气工具和用具应由专人保管，每 6 个月应由电气试验单位进行定期检查；使用前应检查电线是否完好，有无接地线，有无“检验合格证”标识；不合格的禁止使用；使用时应按有关规定接

好剩余电流动作保护器（漏电保护器）和接地线，漏电保护器动作电流不大于 30mA；使用中发生故障，应立即修复。

（2）使用金属外壳的电气工具时应戴绝缘手套。

（3）使用电气工具时，不准提着电气工具的导线或转动部分。在梯子上使用电气工具，应做好防止感电坠落的安全措施。在使用电气工具工作中，因故离开工作场所或暂时停止工作以及遇到临时停电时，应立即切断电源。

2．手持行灯使用

（1）手持行灯电压不准超过 36V。在特别潮湿或周围均属金属导体的地方工作时，如在金属容器或水箱等内部，行灯的电压不准超过 12V。

（2）行灯电源应由携带式或固定式的隔离变压器供给，变压器不准放在金属容器或水箱等内部。

（3）携带式行灯变压器的高压侧，应带插头，低压侧带插座，并采用两种不能互相插入的插头。

（4）行灯变压器的外壳应有良好的接地线，高压侧宜使用单相两极带接地插头。

3．电动工器具使用

（1）选用的手持电动工具必须具有国家认可单位发的“产品合格证”。

（2）电动的工具、机具应接地或接零良好。

（3）电气工具和用具的电线不准接触热体，不要放在湿地上，并避免载重车辆和重物压在电线上。

（4）移动式电动机械和手持电动工具的单相电源线应使用三芯软橡胶电缆；三相电源线在三相四线制系统中应使用四芯软橡胶电缆，在三相五线制系统中宜使用五芯软橡胶电缆。连接电动机械及电动工具的电气回路应单独设开关或插座，并装设剩余电流动作保护器（漏电保护器），金属外壳应接地；电动工具应做到“一机一闸一保护”。

（5）长期停用或新领用的电动工具应用500V的绝缘电阻表测量其绝缘电阻，如带电部件与外壳之间的绝缘电阻值达不到2MΩ，应进行维修处理。对正常使用的电动工具也应对绝缘电阻进行定期测量、检查。

（6）电动工具的电气部分经维修后，应进行绝缘电阻测量及绝缘耐压试验，试验电压参见GB 3787—2006《手持式电动工具的管理、使用、检查和维修安全技术规程》中的相关规定。试验时间通常为1min。

（7）在一般作业场所（包括金属构架上），应使用Ⅱ类电动工具（带绝缘外壳的工具）。在潮湿或含有酸类的场地上以及在金属容器内应使用24V及以下电动工具，否则应使用带绝缘外壳的工具，并装设额定动作电流不大于10mA、一般型（无延时）的剩余电流动作保护器（漏电保护器），且应设专人不间断地监护。剩余电流动作保护器（漏电保护器）、电源连接器和控制箱等应放在容器外面。电动工具的开关应设在监护人伸手可及的地方。

4. 临时用电电源箱使用

现场临时用电电源箱必须装自动空气开关、剩余电流动作保护器、接线柱或插座，专用接地铜排和端子、箱体必须可靠接地，接地、接零标识应清晰，并固定牢固。对氢站、氨站、油区、危险化学品间等特殊场所，应选用防爆型检修电源箱，并使用防爆插头。

（三）个人防护用品使用注意事项

凡从事电气作业人员应佩戴合格的个人防护用品：高压绝缘鞋（靴）、高压绝缘手套等必须选用具有国家“劳动防护品安全生产许可证书”资质单位的产品且在检验有效期内。作业时必须穿好工作服、戴安全帽、穿绝缘鞋（靴）、戴绝缘手套。

1. 护目镜

（1）护目镜是在操作、维护和检修电气设备或线路时，用来保护眼睛使其免受电弧灼伤及防止脏物落入眼内的安全用具。

（2）低压电气带电工作应戴手套与护目镜。

（3）更换10kV跌落式熔断器应使用护目镜。

2. 正压式空气呼吸器和自吸过滤式防毒面具

（1）正压式空气呼吸器用于无氧环境中保护佩戴者不吸入空气中的有毒有害物质，保证使用人员的生命安全；自吸过滤式防毒面具是用于有氧环境中使用的呼吸器，用在变配电所及工厂的正常工作、事故抢修与灭火工作中，接触有害气体时，保障工作人员人身安全的一种安全用具。

（2）进入可能存在有毒有害气体的电缆井、电缆隧道或其他密闭空间，应先通风，并应佩戴自吸过滤式防毒面具。

（3）电气设备发生火灾时，应佩戴正压式空气呼吸器或自吸过滤式防毒面具灭火或逃生。

（4）在制作环氧树脂电缆头和调配环氧树脂工作等可能产生有毒有害气体的工作现场，应采取有效的防毒措施。

3. 静电防护服

（1）静电防护服是用导电材料与纺织纤维混纺交织成布后做成的服装，用于保护线路和变电站巡视及低电位作业人员免受交流高压电场的影响。

（2）在进行电气设备检修时，工作人员应穿着静电防护服。

4. SF_6 防护服

（1）SF_6 是为保护从事 SF_6 电气设备安装、调试、运行维护、试验、检修人员在现场工作的人身安全，避免作业人员遭受氢氟酸、二氧化硫、低氟化物等有毒有害物质的伤害。

（2）SF_6 设备发生泄漏时，未穿着 SF_6 防护服禁止进入工作场地。

（3）SF_6 设备进行解体大修时，应穿着 SF_6 防护服进行工作。

5．个人保安线

（1）个人保安线是用于防止感应电压危害的个人用接地装置。

（2）使用个人保安线前，应先验电并确认已停电，在设备无电压后进行。

（3）应先将个人保安线的接地线夹连接在接地网或和接地网相连的接地端上，然后用接地操作棒分别将导线端线类拧紧在设备导线上。拆除个人保安线的顺序与上述相反。严禁不用线夹而用缠绕的方法进行接地短路。

（4）使用个人保安线时，它和带电设备的距离，应考虑接地线摆的影响。

6．个人绝缘防护用品

（1）个人绝缘防护用品应按照相关规程规范，定期检验合格后使用。

（2）在电气设备上工作，可能使用到的个人绝缘防护用品主要包括绝缘手套、绝缘靴、绝缘披肩、绝缘垫、绝缘杆、绝缘罩等。

（3）使用金属外壳的电动工器具时，应戴绝缘手套。

（4）使用验电器、装设短路接地线时，应戴相应电压等级的绝缘手套。

（5）电气试验工作中，进行验电、核相和放电等工作，应戴相应电压等级的绝缘手套，并站在绝缘垫上。

（6）雷雨天气进入高压出线场进行巡视检查等工作，应穿绝缘披肩和绝缘靴。

（7）在高压电气盘柜上进行工作时，宜站在相应电压等级的绝缘垫上。

（8）操作跌落式熔断器，必须戴绝缘手套、穿绝缘靴进行。

（四）电气设备防误闭锁注意事项

1．电气设备防误闭锁功能（电气“五防”）

（1）防止误分、误合断路器。

（2）防止带负荷拉、合隔离开关或手车触头。

（3）防止带电挂（合）接地线（接地开关）。

（4）防止带接地线（接地开关）合断路器（隔离开关）。

（5）防止误入带电间隔。

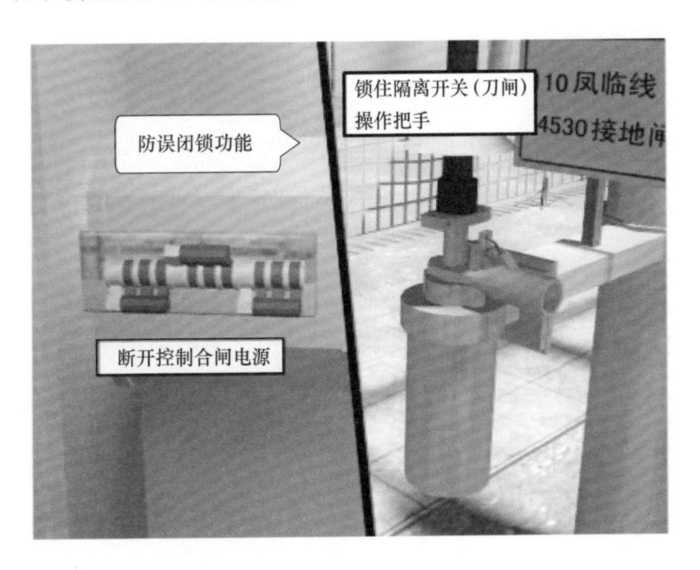

2．防误闭锁装置分类

防误闭锁装置指为防止工作人员发生误操作而装设的对设备操作流程、操作回路、操作位置等进行闭锁和提示的装置，具体的防误闭锁装置包括：

（1）微机防误闭锁装置：指在设备的电动操作控制回路中串联用以闭锁回路控制的接点或锁具，在设备的手动操控部件上加装受闭锁回路控制的锁具，同时尽可能按技术条件的要求防止走空程操作。

（2）电气闭锁：电气闭锁是将断路器、隔离开关、接地开关等设备的辅助接点接入电气操作电源回路构成的闭锁。

（3）电磁闭锁装置：指将断路器、隔离开关、隔离网门等设备的辅助接点接入电磁闭锁电源回路构成的闭锁。

（4）机械闭锁装置：是利用电气设备的机械联动部件对相应电气设备操作构成的闭锁。

3. 防误闭锁装置的功能要求

（1）当接地开关和断路器在分闸位置时，手车才能从“试验/隔离”位置移至工作位置，反之一样。在中间位置时，断路器被机械闭锁。

（2）断路器只有在手车处于“试验/隔离”位置或“工作”位置时才能合闸操作。在中间位置时，断路器被机械闭锁。

（3）高压开关柜电缆室门打开状态，断路器手车不能被摇进运行位置。

（4）断路器手车在运行位置或在中间位置时，断路器室门不能被打开。

（5）高压开关柜电缆室门打开状态，接地开关则不能分闸。

（6）高压开关柜接地开关在分闸位置，则高压开关柜电缆室门不能被打开。

（7）高压组合电气设备应加装完善的防误闭锁装置（例如：

GIS）：断路器与隔离开关之间、隔离开关与相邻接地开关之间、母线接地开关与母线相连所有隔离开关（或断路器）之间应具备完善的闭锁关系。

（8）辅助防误闭锁系统应覆盖所有高压电气设备、低压母线进线开关、与低压母线相连的负荷开关及母联开关、专用接地线、高压电气设备网门等。

4. 防误闭锁装置的解锁

（1）在电气设备上进行工作时，未经相关人员许可，严禁解除电气设备的防误闭锁装置。

（2）以任何形式部分或全部解除防误闭锁装置功能的电气操作，均视作解锁操作。

（3）防误闭锁装置的解锁工具（万能钥匙）或备用解锁工具（钥匙）必须有专门的保管和使用规定。

（4）正常情况下，防误闭锁装置严禁解锁或退出运行。

（5）特殊情况下，防误闭锁装置解锁执行下列规定：

1）防误闭锁装置及电气设备出现异常要求解锁操作，由操作人员提出申请，经安全专工（或防误装置专责人）现场核实无误，确认需要解锁操作，经安全专工同意并签字后，由运维负责人同意并签字（涉及调度管辖设备还应取得当班调度员同意），并经运维检修部负责人同意签字后，方可使用防误闭锁装置解锁钥匙进行操作。

2）若遇危及人身、电网和设备安全等紧急情况需要解锁操作时，可经运维负责人同意并下令紧急使用五防防误闭锁装置解锁钥匙进行操作，涉及调度管辖设备还应取得当班调度员同意。

3）电气设备检修需要对检修设备解锁操作时，应由检修人员提出申请，由安全专工、运维负责人、运维检修部负责人同意签名后，方可进行监护（操作、ONCALL 组人员）解锁操作。

4）解锁工具（钥匙）使用后应及时封存，解锁工具（钥匙）使用、归还情况应及时录入生产管理信息系统中，记录内容包括记录所使用钥匙名称、使用人、使用时间、批准人、批准日期、用途等。

（五）有毒有害气体场所安全注意事项

1．常见有毒有害气体分布场所

（1）使用 SF_6 气体作为绝缘介质的 GIS 设备，以及断路器和负荷开关等。

（2）廊道、隧道、地下井、坑、洞室等受限空间。

（3）电气设备发生火灾现场。

（4）喷漆等作业现场。

（5）浇配环氧树脂作业现场。

（6）易产生化学反应而产生有毒有害气体的作业现场。

2．有毒有害气体现场工作安全注意事项

（1）有关人员应掌握可能存在有毒有害气体的场所，并在图表资料上注明。

（2）进入可能产生有毒有害气体场所工作时，应携带含氧量测试仪及有害气体检测仪，测量工作现场气体含量。

（3）进入廊道、隧道、地下井、坑、洞室等有限空间内工作前应进行通风，必要时使用气体检测仪检测有毒有害气体，禁止使用

燃烧着的火柴或火绳等方法检测残留的可燃气体；对设备进行操作、巡视、维护或检修工作，不得少于两人。

（4）在可能发生有毒有害气体的地下井、坑等有限空间内进行工作的人员，除应戴防毒面具外，还应使用安全带，安全带绳子的一端紧握在上面监护人手中。如果监护人需进入地下井、坑作救护，应先戴上防毒面具和系上安全带，并应另有其他人员在上面做监护。预防一氧化碳、硫化氢及煤气中毒，须戴上有氧气囊的防毒面具。

（5）进入 SF_6 配电装置室，入口处若无 SF_6 气体含量显示器，应先通风 15min，并用检漏仪测量 SF_6 气体含量合格。尽量避免一人进入 SF_6 配电装置室进行巡视，不准一人进入从事检修工作。不准在 SF_6 设备防爆膜附近停留。若在巡视中发现异常情况，应立即报告，查明原因，采取有效措施进行处理。

四、事故案例分析

[案例 1] 没有认真核对设备名称、编号，打开柜门进行工作，误入带电间隔，导致人身伤害

1. 事故经过

2015 年 3 月 18 日 17 时 55 分，××公司员工赵×，在 110kV 变电站 35kV Ⅰ段母线故障抢修过程中触电，造成右手右脚被电弧灼伤。

2015 年 3 月 17 日 21 时 28 分，该公司 110kV 梅林站 35kV Ⅰ段母线故障，造成 1 号主变压器 301 开关后备保护跳闸。

3月18日上午，经变电检修人员现场检查测试后，最终确定35kV狮桥341开关柜A、B相、南极347开关柜C相及I母压变C相共4只上触头盒绝缘损坏，并制定了检修方案。

3月18日16时00分，变电站站值班人员洪××许可工作负责人曹××150318004号变电第一种工作票开工（工作任务为：在备用345开关柜拆除上触头盒；在35kV狮桥341开关柜、南极347开关柜、35kV 1号压变柜更换上触头盒），许可人向工作负责人交代了带电部位和注意事项，说明了临近仙霞343线路带电。许可工作时，35kV341开关及线路、347开关及线路、35kV Ⅰ母压变为检修状态；35kV仙霞343开关为冷备用状态，但手车已被拉出开关仓，且触头挡板被打开，柜门掩合（上午故障检查时未恢复）。16时10分工作负责人曹××安排章××、赵×、庹×负责35kV备用345开关柜上触头盒拆除和35kV狮桥341开关柜A、B相上触头盒更换及清洗；安排胡××、齐××负责35kV南极347及I母压变C相上触头盒更换及清洗，进行了安全交底后开始工作。17时55分左右，工作班成员赵×（伤者）在无人知晓的情况下误入邻近的仙霞343开关柜内（柜内下触头带电）。1分钟后，现场人员听到响声并发现其触电倒在343开关柜前，右手右脚电弧灼伤（当时神智清醒），立即拨打120电话。市人民医院急救车18时40分许到达现场，将伤者送医院救治。

2．原因分析

（1）工作人员自我防护意识不强，没有认真核对设备名称、编号就打开柜门进行工作，导致误入带电间隔，是事故的直接原因。

（2）检修人员擅自改变设备状态，强行打开触头盒挡板，是事故的主要原因。

（3）工作许可人在本次工作许可前未再次核对检查设备，未及时发现仙霞343开关已被拉出，误认为设备维持原有冷备用状态，安全措施不完备。

（4）现场工作负责人没有认真履行监护职责，现场到岗到位管理人员未认真履行到位监督职责，未能掌控现场的关键危险点，是事故的重要原因。

［案例2］ 防感应电措施不到位，导致发生人身触电伤亡事故

1. 事件经过

2013年7月18日，某110kV变电站进行110kV银园一线红光支线线路隔离开关17523和旁路母线隔离开关17520更换工作，110kV银园一线红光支线、110kV旁母在检修状态，在1752断路器与17523之间、17523出线侧、17520旁母侧分别装设了接地线。16时5分，工作班成员蔡×通过吊车辅助拆除银园一线红光支线至17520旁路母线隔离开关C相T接引流线，工作负责人王×站在旁路母线隔离开关构架上手抓C相T接引流线配合拆除工作，在蔡×将T接处线夹拆除后，王×手抓的C相引流线下落过程中将装设在银园一线红光支线引流线处的C相接地线碰落，摆动的银园一线红光支线引流线与王×手中的引流线接触，发生感应电触电，王×抢救无效死亡。

2. 吸取教训

（1）严格执行《安规》，落实检修施工作业防感应电措施，针对有可能产生感应电压情况，必须加装可靠的工作接地线或使用个

人保安线，带接地线拆装设备时，必须制定落实防止接地线脱落措施，确保作业人员在接地线保护范围内工作。

（2）针对同杆塔架设的输电线路、邻近或交叉跨越带电体附近的相关作业场所，认真开展作业前危险点分析和风险预控，组织作业人员学习感应电防范知识，增强辨识感应电危害的能力，提高自我防护意识和技能。

（3）加强现场作业安全管理，认真开展作业前现场勘查，落实现场保证安全的技术措施和组织措施，严格到岗到位管理，确保作业安全。

第四节 机械设备检修维护安全技能

一、在机械设备上工作的组织措施

在机械设备上检修维护工作的组织措施主要包括现场勘察制度，工作票制度，工作许可制度，工作监护制度，工作间断、试运和终结制度，动火工作票制度。初级运维人员应了解工作票分类及工作票使用范围，了解工作票中各类人员的分工，掌握工作票中工作班成员、被监护人的安全职责，根据具体的工作内容拟写操作票。

（一）工作票分类及使用范围

在水力机械设备和水工建筑物上工作，应填用工作票或事故紧急抢修单，其方式有：①填用水力机械工作票；②填用事故紧急抢修单。

1．填用水力机械工作票的工作

（1）在水轮发电机组、水工建筑物、水力机械及其辅助设备、设施上进行检修、维护、试验或安装，需要将生产设备、系统停止运行或退出备用，或需要断开电源，隔断与运行设备的油、水、气联系的工作。

（2）需要运行值班人员在运行方式、操作调整上采取保障人身、设备运行安全措施的工作。

2．填用事故紧急抢修单的工作

（1）生产主、辅设备等发生故障被迫紧急停止运行，需立即恢复的抢修和排除故障的工作，应填用事故紧急抢修单或工作票。非连续进行的事故修复工作，应使用工作票。

（2）在生产区域从事建筑、搭、拆脚手架、油漆、绿化等无需运行人员执行安全措施，且不会触及带电带压设备的文明生产工作，以及不需高压设备停电或做安全措施的水电运维一体化业务项目时，可不使用工作票，但应以工作任务单的形式记录相应的工作内容。

生产现场禁火区域内进行动火作业，应同时执行动火工作票制度。

（二）工作班成员的安全职责及基本条件

1．工作班成员的安全职责

（1）熟悉工作内容、工作流程，掌握安全措施，明确工作中的危险点，并在工作票上履行交底签名确认手续。

（2）服从工作负责人（监护人）、专责监护人的指挥，严格遵守《安规》和劳动纪律，在确定的作业范围内工作，对自己在工作中的行为负责，互相关心工作安全。

（3）正确使用施工器具、安全工器具和劳动防护用品。

2．工作班成员的基本条件

（1）经医师鉴定，无妨碍工作的病症（体格检查每两年至少一次）。

（2）具备必要的相关知识和业务技能，且按工作性质，熟悉《安规》的相关部分，并经考试合格。

（3）具备必要的安全生产知识，学会紧急救护法。

（4）特种作业人员应持证上岗。

二、在机械设备上工作的技术措施

初级运维人员应掌握在水力机械设备和水工建筑物上工作保证安全的技术措施，包括停电、隔离、泄压、通风、加锁、悬挂标示牌和装设遮栏（围栏）。

（一）停电

（1）断开停运检修设备的电源（断开其动力电源和控制电源）。

（2）断开与检修的设备或系统相连的各管道上的电动阀 / 闸门的动力电源，切断水机控制设备执行元件的操作能源。

（3）应在设备停止运行或转动以后方可执行停电措施。

（二）隔离

（1）转动机械设备检修时，应关闭所有应关闭的阀 / 闸门，切断所有可能的动力源（油、水、气等），并做好防转动的措施，必要时还应采取可靠的制动措施。如控制回路与其他设备设有联动、联锁关系的，还应将联动、联锁回路解除。

（2）如阀 / 闸门关闭不严且无法可靠隔断油、水、气等，应采取关闭前一道阀 / 闸门或采取其他安全措施。

（3）在敷设有气、水等管道、阀门的地下沟道和井下进行检修工作时，应关闭向工作地点流入气或水等介质的有关阀 / 闸门。

（4）在设备内部工作时，如设备下部有与系统连接的管口、孔洞等，应对这些管口、孔洞采取封闭隔离措施。

（5）在压力管道上进行长时间的检修工作时，检修管段应用带尾巴的堵板和运行中的管段隔断，或将它们之间的两个串联、严密不漏的阀门关严，两个串联阀门之间的泄压阀应予打开。关闭的阀门和打开的泄压阀应要求上锁并挂安全标志牌。

（三）泄压

（1）设备检修前，应放尽系统内的油、水、气等介质，确认已泄压和温度符合工作条件后，方可开始工作。

（2）做泄压措施前，应先检查确认检修的设备和系统确与运行部分可靠地隔离，方可缓慢开启有关阀门进行泄压。泄压操作时，人员不得正对压力释放的方向。

（3）检修的设备和系统是否已安全泄压，可通过阀门机械指示位置、热工仪表指示以及现场实际情况（如有无液体、气体流动声音等）等进行综合分析确定。

（4）如果热工仪表显示有压力，或压力表指示虽在零位，但泄压阀处仍有液体、气等介质流动的声音，应对设备的隔离和泄压措施以及压力表进行检查，在未查明原因前，应认为设备和系统内部有压力，不能擅自开始工作。

（5）为泄压所开启的有关阀门，在检修过程中应一直保持在可靠的全开位置，悬挂“禁止操作　有人工作”的安全标志牌，同时按要求加挂机械锁。

（6）若无专门的阀门进行泄压，可通过拧松管道或阀门的法兰盘螺丝进行泄压。泄压时，应先把法兰盘上远离身体一侧的螺丝松开，再略松近身体一侧的螺丝，使存留的油、水、气等从对面缝隙排出，以防尚未放尽的油、水、气伤害作业人员。附近如有电气设备，应加以遮挡，以防油、水、气喷到电气设备上面。

（四）通风

（1）在有火灾、爆炸、中毒、窒息、灼烫伤等危险以及粉尘、烟雾危害的地点或设备内工作，应做好通风措施。

（2）进入各式箱、槽、罐等容器内部工作前，应打开各孔口进行通风换气。如是盛装易燃易爆、有毒有害物品的在用容器，应先冲洗置换，再用通风或吸尘装置进行通风换气，把易燃易爆或有毒有害气体排除干净。如在容器内工作过程中须接触过敏性的物质，应采取强力通风措施。

（3）进入地下井、坑、孔、洞、管沟、排水沟、电缆隧道等处工作前，应事先了解清楚这些地段的工作环境，做好通风措施。如为有毒有害气体、粉尘等地下场所，应在作业人员下去以前，使用检测仪器进行检测，同时设置通风或除尘装置进行彻底的通风换气，以及做好其他安全措施。

（4）在箱、槽、罐、地坑（沟）、隧道等有限空间内作业，禁止用输送纯氧的方法通风换气。

（五）加锁、悬挂标志牌和装设遮栏（围栏）

（1）设备检修需要断开电源时，应在已断开的断路器、隔离开关和检修设备控制开关的操作把手上悬挂“禁止合闸　有人工作”的安全标志牌。在显示屏上进行启动、停运的设备或者需要进行开度调节的阀/闸门、闸板、挡板等，应切除所有可能造成其联锁动作的开关，并在其操作控制面板上将操作按钮方式设置为“检修”状态，或者在操作处用其他方式设置“禁止操作　有人工作”的安全标志牌。

（2）在一经操作即可送压到工作地点或使工作地点建压的各隔离点的所有阀/闸门的操作把手、控制按钮、泵启停控制按钮上，悬挂“禁止操作　有人工作”的安全标志牌。阀/闸门应按要求加锁。如有多级串联，在危险介质来源处的阀/闸门已可靠关严并加锁、悬挂“禁止操作　有人工作”安全标志牌的情况下，检修系统隔离范围内的阀/闸门可不重复加锁，因检修需要调整开启这些阀/闸门时，应暂停该系统相关工作面的工作，以防伤人，确认无泄漏后方可继续工作。锁由设备运维管理部门配备管理，应一把钥匙开一把锁，钥匙要编号并妥善保管。

（3）施工现场临近高温、陡坎、深坑及高压带电区等处所，均应设置临时遮栏及“止步　危险”“止步　高压危险”等安全标志牌；危险处所夜间应设红灯示警。因检修施工打开的坑、沟、孔、洞等，均应铺设与地面平齐有防滑措施的盖板或设置可靠的遮栏、挡脚板及“止步　危险”的安全标志牌；因检修施工破坏的常用楼梯、通道等，危险的出入口处应设置临时遮栏并悬挂醒目的“止步　危险”安全标志牌，临时遮栏应符合标准要求，并采取上锁、用铁丝绑扎等加固措施，使之不易移动，必要时派专人看守，夜间应设红灯示警。

（4）如工作地点始终有人工作时，允许使用绳子制作的遮栏，但应规范制作成网状，染成红色。用于防止外人接近、进入或通过的，均应挂“禁止通行　施工现场”的安全标志牌，安全标志牌应朝向外面；用于防止作业人员接近周围危险环境的，安全标志牌应朝向里面。

（5）任何人禁止跨越遮栏，不得随意移动、变动和拆除临时遮栏、安全标志牌等设施。作业人员如确因工作需要必须移动、变动和拆除时，应征得工作许可人的同意。在拆除遮栏、安全标志牌的情况下，作业人员进行工作时，检修工作负责人应特别加强监护。当工作完成后，应立即恢复原状。

（6）在工作地点设置“在此工作”的安全标志牌。

三、在机械设备上工作的安全技能

初级运维人员应了解在机械设备上工作的常见危险点，掌握常用的机械工器具及个人防护用品的使用方法。

（一）检修通用危险点分析

在机械设备上进行检修工作，主要危险点见表 1-6。

表 1-6　　机械设备检修工作主要危险点分析及预控措施

危险点	危险内容或原因	危险点发生场合	预控措施
工作人员身心状态不佳	误操作导致人身伤害	检修工作现场	（1）工作前，确认工作人员精神状态、健康状况、疲劳程度是否满足要求； （2）适当调整人员作息，改善工作环境； （3）不疲劳操作，不带病操作

续表

<table>
<tr><th>危险点</th><th>危险内容或原因</th><th>危险点发生场合</th><th>预控措施</th></tr>
<tr><td rowspan="4">机械伤害</td><td>1. 弹簧或液压机构伤人</td><td>带储能回路的操作机构检修</td><td>（1）工作前释放储能弹簧等带压力的操作机构，切断储能回路电源；
（2）正确使用劳动防护用品</td></tr>
<tr><td>2. 转动设备伤人</td><td>水泵、油泵、气机等设备检修</td><td>工作中对转动设备做好防转安全措施</td></tr>
<tr><td>3. 搬运等造成碰伤</td><td>发电机、水轮机等设备检修</td><td>（1）正确佩戴安全帽等防护用品，注意周围环境，防止磕碰；
（2）搬运较重物件，应使用专用的手车等设备，并做好设备防坠落的措施</td></tr>
<tr><td>4. 受限空间挤压触碰</td><td>水轮机、调速器等设备检修</td><td>（1）作业时应采取相应的安全措施尽可能避免作业伤害；
（2）加强对作业指导书中对受限区域临时照明的要求；
（3）正确使用劳动防护用品</td></tr>
<tr><td rowspan="2">走错间隔（误入运行区域）</td><td>1. 误入运行区域</td><td>检修工作现场</td><td>（1）正确安装遮拦，悬挂标示牌；
（2）重要的、特别危险的区域，例如调速器等易误入导致事故发生场所，宜增设醒目的安全隔离标示；
（3）严格执行两票三制，工作前仔细核对设备双重名称；
（4）在监护下进行工作</td></tr>
<tr><td>2. 安全距离不足</td><td>调速器、进水阀等设备的电气部分检修</td><td>（1）正确安装遮拦，悬挂标示牌；
（2）工作中距离带电设备安全距离不足时，应增加绝缘隔断；
（3）工作中将可能来电的邻近设备隔离、接地</td></tr>
<tr><td rowspan="2">高处坠落</td><td>1. 高处工作</td><td>发电机、闸门、起重等设备检修</td><td>（1）正确使用劳动防护用品，含安全带、防坠器、安全网等设备；
（2）设专人监护，作业人员系好安全带</td></tr>
<tr><td>2. 使用升降车等特种车辆</td><td>油、气、水安全阀更换检修</td><td>（1）作业前检查设备状况良好，在检验有效期内；
（2）特种设备按照相关法律法规使用、检验；
（3）人员正确使用劳动防护用品</td></tr>
</table>

续表

危险点	危险内容或原因	危险点发生场合	预控措施
高处坠落	3. 使用梯子	发电机、水轮机检修	（1）使用前检查梯子状况良好，在检验有效期内； （2）使用梯子时应符合相关规定
	4. 使用脚手架	水泵水轮机检修	（1）脚手架的搭设、拆除必须由有资质的人员完成，经过专门的验收才可投入使用； （2）人员在脚手架上工作时必须按规范挂好安全带
火灾爆炸	1. 动火作业引起火灾	动火作业	（1）按规定办理动火工作票； （2）严禁动火的区域，不得进行动火作业； （3）厂房内消防设施必须保证状态良好，自动灭火装置投入使用
	2. 可燃气体引起爆炸引起火灾	电焊现场	使用氧气和乙炔进行电焊时，气瓶之间的距离、气瓶压力和摆放等应满足相应规范要求
高压油、气、水伤害	高压油、气、水系统设备泻压或倒换	进水阀系统、高低压气系统、调相压气设备检修	（1）正确使用工器具，禁止使用蛮力； （2）认真核对设备双重名称和编号，不误踩误碰带压设备
工器具遗漏	工器具遗漏导致设备损坏	发电机风洞、水车室检修	（1）加强对人员进入受限区域携带的工具、材料、物资登记和离开受限区域的核查； （2）加强对作业人员的作业培训，规范作业过程工具、材料、物资的安全使用和回收； （3）加强对作业现场的清扫和监管

（二）动火作业安全注意事项

（1）未受过专门训练的人员不准进行焊接工作。取得焊工合格证后，方可从事考试合格项目范围内的焊接工作。

（2）焊工应穿专用工作服，戴工作帽，上衣不准扎在裤子里。口袋应有遮盖，脚面应有鞋罩，以免焊接时被烧伤。

（3）不准使用有缺陷的焊接工具和设备。

（4）不准在带有压力（液体压力或气体压力）的设备上或带电的设备上进行焊接。在特殊情况下需在带压和带电的设备上进行焊接时，应采取安全措施，并经本单位分管生产的领导或总工程师批准。对承重构架进行焊接，应经过有关技术部门的许可。

（5）禁止在装有易燃物品的容器上或在油漆未干的构件或其他物体上进行气割或焊接。

（6）禁止在储有易燃易爆物品的房间内进行焊接。在易燃易爆材料附近进行焊接时，其最小水平距离不得小于5m，并根据现场情况，采取安全可靠措施（用围屏或阻燃材料遮盖）。

（7）对于存有残余油脂或可燃液体的容器，应打开盖子，清理干净；对存有残余易燃易爆物品的容器，应先用水蒸气吹洗，或用热碱水冲洗干净，并将其盖口打开，方可焊接。

（8）在风力超过5级时禁止露天进行焊接或气割。但风力在5级以下、3级以上进行露天焊接或气割时，应搭设挡风屏以防火星飞溅引起火灾。

（9）下雨雪时，不可露天进行焊接或切割工作。如必须进行焊接时，应采取防雨雪的措施。

（10）在可能引起火灾的场所附近进行焊接工作时，应备有必要的消防器材。

（11）进行焊接工作时，应设有防止金属熔渣飞溅、掉落引起火灾的措施以及防止烫伤、触电、爆炸等措施。焊接人员离开现场前，应检查并确认现场无火种留下。

（12）在高空进行焊接工作，还应遵守相关高空焊接作业的规定。

（13）在蜗壳、钢管、尾水管、油箱、油槽以及其他金属容器内进行焊接工作，应有下列防止触电的措施：

1）电焊时焊工应避免与铁件接触，要站立在橡胶绝缘垫上或穿橡胶绝缘鞋，并穿干燥的工作服。

2）容器外面应设有可看见和听见焊工工作的监护人，并应设有开关，以便根据焊工的信号切断电源。

3）应设通风装置，内部温度不得超过40℃，禁止用氧气作为通风的风源。并且不准同时进行电焊及气焊工作。

（三）高处作业安全注意事项

（1）凡在坠落高于基准面2m及以上的高处进行的作业，都应视作高处作业，应按照本部分的规定执行。凡能在地面上预先做好的工作，都应在地面上完成，尽量减少高处作业。

（2）凡参加高处作业的人员，应每年进行一次体检。担任高处作业人员应身体健康。患有精神病、癫痫病及经医师鉴定患有高血压、心脏病等不宜从事高处作业病症的人员，不准参加高处作业。凡发现作业人员有饮酒、精神不振时，禁止登高作业。

（3）高处作业均应先搭设脚手架，使用高空作业车、升降平台或采取其他防止坠落措施，方可进行。

（4）在坝顶、陡坡、屋顶、悬崖、杆塔、吊桥以及其他危险的边沿进行工作，临空一面应装设安全网或防护栏杆，否则，作业人员应使用安全带。

（5）峭壁、陡坡的场地或人行道上的冰雪、碎石、泥土须经常清理，靠外面一侧应设1200mm高的栏杆。在栏杆内侧设180mm高的侧板或土埂，以防坠物伤人。

（6）在没有脚手架或者在没有栏杆的脚手架上工作，高度超过

1.5m 时，应使用安全带，或采取其他可靠的安全措施。

（7）安全带和专用固定安全带的绳索在使用前应进行外观检查。安全带应定期抽查检验，不合格的不许使用。

（8）在电焊作业或其他有火花、熔融源等场所使用的安全带或安全绳应有隔热防磨套。

（9）安全带的挂钩或绳子应挂在结实牢固的构件上，或专为挂安全带用的钢丝绳上，并不得低挂高用。禁止挂在移动或不牢固的物件上。

（10）高处作业人员应衣着灵便，穿软底鞋，并正确佩戴个人防护用具。

（11）高处作业人员在作业过程中，应随时检查安全带是否拴牢。高处作业人员在移动作业位置时不得失去保护。水平移动时，应使用水平绳或增设临时扶手，移动频繁时，宜使用双钩安全带。垂直转移时，宜使用安全自锁装置或速差自控器。

（12）上下脚手架应走斜道或梯子，作业人员不得沿脚手杆或栏杆等攀爬。

（13）高处作业应一律使用工具袋。较大的工具应用绳拴在牢固的构件上，工件、边角余料应放置在牢靠的地方或用铁丝扣牢并有防止坠落的措施，不准随便乱放，以防止从高空坠落发生事故。

（14）在进行高处作业时，除有关人员外，不准他人在工作地点的下面通行或逗留，工作地点下面应有围栏或装设其他保护装置，防止落物伤人。如在格栅式的平台上工作，为了防止工具和器材掉落，应采取有效隔离措施，如铺设木板等。

（15）不准将工具及材料上下投掷，要用绳系牢后往下或往上吊送，以免打伤下方作业人员或击毁脚手架。

（16）上下层同时进行工作时，中间应搭设严密牢固的防护隔板、罩棚或其他隔离设施。

（17）当高处行走区域不能够装设防护栏杆时，应设置1050mm高的安全水平扶绳，且每隔2m应设一个固定支撑点。

（18）高处作业区周围的孔洞、沟道等应设盖板、安全网或围栏并有固定其位置的措施。同时应设置安全标志，夜间还应设红灯示警。

（19）因作业需要，临时拆除或变动安全防护设施时，应经作业负责人同意，并采取相应的可靠措施，作业后应立即恢复。

（20）冬季在低于零下10℃进行露天高处工作，必要时应该在施工地区附近设有取暖的休息所；取暖设备应有专人管理，注意防火。

（21）在5级及以上的大风以及暴雨、雷电、大雾等恶劣天气下，应停止露天高处作业。

（22）禁止登在不坚固的结构上（如彩钢板屋顶）进行工作。为了防止误登，应在这种结构的显著地点挂上安全标志牌。

（23）移动平台工作面四周应有1200mm高的护栏，有明显的荷重标志，禁止超载使用，禁止在不平整的地面上使用。使用时应采取制动措施，防止平台移动。

（24）使用铝合金快装脚手架前，应认真检查组件有无损坏、变形，扣件有无损坏、变形。禁止超载使用。

（四）起重作业安全注意事项

（1）对重大起重作业方案以及起重工作所采用起重设备的技术规程、标准，应在施工组织设计中明确规定。

（2）须经过安装、试车、运行的起重设备及其电力、照明、取暖等接线，行驶轨道或路面、路基的状况等一切有关部分，均应由有关的专门技术人员进行检查和试验，出具书面证明，确认设备安全可靠后，方可投入使用。特种设备还需特种设备安全监督管理部门登记并经检验检测机构监督检验合格。

（3）起重设备的停置，燃料或附属材料的存放环境应制定相关的管理措施，事先应进行查验或提出规定要求，以确保安全。

（4）起重设备的操作人员和指挥人员应经专业技术培训，并经实际操作及有关安全规程考试合格、取得合格证后方可独立上岗作业，其合格证种类应与所操作（指挥）的起重机类型相符合。起重设备作业人员在作业中应严格执行起重设备的操作规程和有关的安全规章制度。

（5）起重设备、吊索具和其他起重工具的工作负荷，不准超过铭牌规定。在特殊情况下，如必须超铭牌使用时，应经过计算和试验，并经本单位分管生产的领导或总工程师批准。因历史原因，没有制造厂铭牌的各种起重机具，应经查算，并作荷重试验后，方准使用。购置起重设备，应按国家有关生产许可管理制度，从具有相应资质的企业中选购。

（6）一切重大物件的起重、搬运工作应由有经验的专人负责，作业前应向参加工作的全体人员进行安全、技术交底，使全体人员均熟悉起重搬运方案和安全措施。起重搬运时只能由一人指挥，必要时可设置中间指挥人员传递信号。起重指挥信号应规范。

（7）凡属下列情况之一者，应制订专门的安全技术措施，经本单位分管生产的领导或总工程师批准。作业时应有技术负责人在场指导，否则不准施工。

1）重量达到起重设备额定负荷的 90% 及以上。

2）两台及以上起重设备抬吊同一物件。

3）起吊重要设备、精密物件、不易吊装的大件或在复杂场所进行大件吊装。

4）爆炸品、危险品必须起吊时。

5）起重设备在输电线路下方或距带电体较近时。

6）遇有大雾、照明不足、指挥人员看不清各工作地点或起重机操作人员未获得有效指挥时，不准进行起重工作。

7）遇有 6 级以上的大风时，禁止露天进行起重工作。当风力达到 5 级以上时，受风面积较大的物体不宜起吊。

8）各种起重设备的安装、使用以及检查、试验等，除应遵守本部分的规定外，并应执行国家、行业有关部门颁发的相关规定、规程和技术标准。

（五）运输作业安全注意事项

1. 人工搬运安全注意事项

（1）作业人员应根据搬运物件的需要，穿戴披肩、垫肩、手套、口罩、眼镜等防护用品。

（2）搬运的过道应当平坦畅通，如在夜间搬运应有足够的照明。如需经过山地陡坡或凹凸不平之处，应预先勘测道路。

（3）用人工搬运或装卸重大物件而须搭跳板时，应使用厚 50mm 以上的木板，跳板中部应设有支持物，防止木板过度弯曲。从斜跳板卸物件时，应用绳子将物件从后面拴住，作业人员应站在卸放重物的两侧，不准站在卸放重物的正面下边。

（4）不准肩荷重物登上移动式梯子或软梯。

（5）容易破碎的物品应放在适当的筐、篮或架子上搬运。

（6）搬运管子、工字铁梁等长形物件，应注意防止物件甩动，打伤附近的人员或设备。用车推时应绑好。

（7）加热的液体应放在专门的容器内搬运，并且不得盛满，应用车子推或二人抬，不准一人肩荷搬运。

（8）多人共同搬运或装卸较大的重物时，应有一人担任指挥，搬运的步调应一致，前后扛应同肩，必要时还应有专人在旁监护。

2．用管子滚动搬运安全注意事项

（1）应由专人负责指挥。

（2）管子能承受重压，直径相同。

（3）管子承受重物后两端各露出约 300mm，以便调节转向。手动调节管子时，应注意防止手指压伤。

（4）在重物滚动搬运中，放置管子应在重物移动的前方，并应有一定距离。禁止直接用手去拿受压的管子，以防压伤手指。

（5）上坡时应用木楔垫牢管子，以防管子滚下；同时无论上、下坡，均应对重物采取防止下滑的措施。

（六）油、水、气管道工作安全注意事项

（1）油、水、气管道的检修工作，应办理工作票。作业人员应熟悉系统的连接方式及各阀门和配件的用途和检修方法。

（2）在许可检修前，运行值班人员应做好一切必要的切换工作，排除相关管道内部的油、水、气，保证检修管道与其他部分可靠隔断。各有关阀门应上锁，并挂“禁止操作　有人工作”的安全标志牌，对电动阀门还应切断电源，并挂“禁止合闸　有人工作”的安全标志牌。

（3）开始工作前，检修工作负责人应会同工作许可人共同检查、确认需检修的管道确已与运行中的管道可靠隔断，没有油、水、气流入的可能。

（4）管道检修工作前，检修管段的泄压阀应打开，以防止阀门关闭不严密时泄漏的水积聚在检修的管道内。如果检修的管段上没有法兰盘而需要用气割或电焊等方法进行检修时，应开启该管道段上的泄压阀，必要时尚应小心地慢慢松开泄压阀上的法兰，证实内部确无压力或存水后，方可进行气割或焊接工作。

（5）检修工作完毕后，检修工作负责人应会同运行值班人员检查工作确已完结，加装的堵板已经拆除，管道已恢复常态，工作场所已经清理完毕，所有检修人员已经离开，然后才可取下安全标志牌和锁链。拆除堵板时，应先把堵板的另一侧积存的油、气、水

放尽。

（6）不准在有压力的管道上进行任何检修工作。对于运行中的管道，可允许带压力紧阀门盘根和在管道上打卡子以消除轻微的泄漏，但应经相关负责人批准并取得运行值班负责人同意，并由相关负责人指定熟练的人员，在工作负责人的指导和监护下进行。在工作中还要特别注意操作方法正确性（如螺丝不要紧得过度，紧度要均匀，注意操作位置）。

（7）安装管道法兰和阀门的螺丝时，应用撬棒校正螺丝孔，不准用手指伸入螺丝孔内触摸，以防轧伤手指。

（8）检修油管道时，除应遵守本章的有关规定外，还应做好防火、防爆措施。

（9）禁止在油管道上进行焊接工作。在拆下的油管道上进行焊接时，应事先将管子冲洗干净。

（七）容器内的工作安全注意事项

（1）作业人员进入容器、槽箱内部进行检查、清洗和检修工作，应办理工作票。作业时应加强通风，但禁止向内部输送纯氧。采用气体充压对箱、罐等容器、设备找漏时，应使用压缩空气。压缩空气经可靠的减压控制阀门控制在措施规定的压力下方可进行充压。对装用过易燃介质的在用容器，充压前应进行彻底清洗和置换。禁止使用各类气体的气瓶进行充压找漏。

（2）若容器或槽箱内存在有害气体或存在有可能发生有害气体的残留物质，应先进行通风，把有害气体或可能发生有害气体的物质清除后，作业人员方可进内工作。作业人员应轮换工作和休息。

（3）凡在容器、槽箱内进行工作的人员，应根据具体工作性质，事先学习应注意的事项（如使用电气工具应注意事项，气体中毒、窒息急救法等），作业人员不得少于2人，其中一人在外面监护。在可能发生有害气体的情况下，则作业人员不得少于3人，其中2人在外面监护。监护人应站在能看到或听到容器内作业人员的地方，以便随时进行监护。监护人不准同时担任其他工作。

（4）在容器、槽箱内工作，如需站在梯子上工作时，作业人员应使用安全带，绳子的一端拴在外面牢固的地方。

（5）在容器内衬胶、涂漆、刷环氧玻璃钢时，应打开人孔门及管道阀门，并进行强力通风。工作场所应禁止烟火，并配备充足的泡沫灭火器和干砂等消防器材。对此类工作有过敏性的人员不准参加。

（6）在关闭容器、槽箱的人孔门以前，工作负责人应清点人员和工器具，检查确实没有人员、工器具和材料等遗留在内方可关闭。

（7）压力容器强度试验时，耐压区域应做好禁行标志，禁止无关人员通过或逗留。耐压试验应按照国家有关规定进行。

（八）压力管道工作安全注意事项

（1）进入压力管道工作时，应采取下列措施：

1）关闭进水口工作门或检修闸门，做好水源隔离措施，防止突然来水。

2）关闭或落下下游侧隔离阀门或闸门，并堵漏。

3）关闭所有可能向压力管道来压（油、水、气）的管路阀门。

4）断开上述所有隔离阀门或闸门的操作气源、水源、油源或电源，并按要求上锁、挂安全标志牌。

5）打开排水阀，排除压力管道内积水，检修过程中排水阀保持全开启。

（2）在打开压力管道排水阀进行排水前，应先检查确认管道外排水管路畅通。

（3）在打开人孔门前，需再次确认所有隔离阀门或闸门已可靠关闭，确认管道内积水已排空。

（4）进入压力管道内部人员，应取出随身的无关杂物，工作结束时要清点，不可遗漏。

（5）进入压力管道人员应穿防滑橡胶靴，并随身携带应急照明灯。在管道内行走时，人员之间应保持一定距离，以防跌滑时对他人造成伤害。

（6）进入压力管道工作，作业人员不得少于 3 人。

（7）压力管道内有人工作期间，人孔门应保持全开，并有专人在外监护，监护人不准同时担任其他工作。每天收工，检修工作负责人应确认里面无人员，并在人孔门处做好禁止入内的明显标志。

（8）工作需要在管道内部搭设脚手架时，考虑到管道横截面为圆形，岔管管径渐变且管壁光滑等特点，脚手架的搭设要特别考虑防止滑移、倾斜、侧翻等措施。搭设脚手架的钢管露出部分应做好防护措施，防止人员碰伤。

（9）进入压力管道（岔管）渐变段等存在因跌滑而导致高空坠落处工作时，应遵守高处作业有关规定，做好防止人员高空坠落和物品高空落物的措施，并有足够照明。

（10）通过进水阀进入压力管道工作期间，应做好措施，确保进水阀始终处于全开状态。同时应做好对阀体密封和密封腔的防护，防止杂质进入损坏密封。

（11）在管道内部工作需要使用动力源时，应做好以下安全措施：

1）所用动力电缆线应采用双层绝缘，电缆架空方法应安全可靠，并与临时照明线路和临时固定电话线路保持足够的安全距离。

2）照明电源电缆不得与动力电源电缆混用。

3）动力电源连接箱和控制箱应专人值班，并保证内部和外部的通信畅通，确保异常时能及时切断电源。

4）若工作需要在压力管道内部装设中间电源连接箱（或配电箱）的，箱子内部还应加装一套剩余电流动作保护器（漏电保护器），并派专人值班。箱子应做好防水措施，并放在人员不易碰及的地方，周围区域应设置明显的隔断措施，箱体壳上应有“当心触电”荧光安全标志牌。

5）应使用带绝缘外壳的电气工具；操作人员须戴绝缘手套，必要时应站在绝缘台上。

6）禁止带电移动、敷设动力电缆，禁止带电移动配电箱。

（九）洞室等有限空间作业安全注意事项

（1）进入廊道、隧道、地下井、坑、洞室等有限空间内工作前应进行通风，必要时使用气体检测仪检测有毒有害气体，禁止使用燃烧着的火柴或火绳等方法检测残留的可燃气体；对设备进行操作、巡视、维护或检修工作，不得少于2人。

（2）开闭廊道、隧道、地下井、坑、洞室等有限空间的人孔门，应使用适当的工具，不准用手直接开闭。

（3）打开常闭的廊道、隧道、地下井、坑、洞室等有限空间的人孔门进行工作时，应在人孔门的周围设置遮栏并悬挂安全标志牌，夜间还应在遮栏上悬挂红灯。垂直（或陡坡）向下的人孔下面应装有上下用的脚蹬（间距 300 ~ 400mm）或固定的金属梯。

（4）进入有水的廊道、隧道、地下井、坑、洞室等有限空间内进行操作或检修，作业人员应穿防滑橡胶靴。

（5）在廊道、隧道、地下井、坑、洞室等有限空间内工作，应用 12 ~ 36V 的行灯。在有（有害）易燃气体的廊道、隧道、地下井、坑、洞室内工作，应使用携带式的防爆电灯或矿工用的蓄电池灯。

（6）廊道、隧道、地下井、坑、洞室等有限空间内需保持清洁，出入口及通道不准堆积任何物品。

（7）在廊道、隧道、地下井、坑、洞室等有限空间内使用汽油机或柴油机时，宜把汽油机或柴油机的排气管接到外面，并有良好的通风，否则不准使用。

（8）有关人员应掌握可能存在有毒有害气体的场所，并在图表资料上注明。

（9）在可能发生有毒有害气体的地下井、坑等有限空间内进行工作的人员，除应戴防毒面具外，还应使用安全带，安全带绳子的一端紧握在上面监护人手中。如果监护人需进入地下井、坑作救护，应先戴上防毒面具和系上安全带，并应另有其他人员在上面做监护。预防一氧化碳、硫化氢及煤气中毒，须戴上有氧气囊的防毒面具。

（10）工作中如需冲洗廊道、隧道、地下井、坑、洞室等有限空间，应先将作业人员从洞室等有限空间内撤离并清点人数无误后，方可进行冲洗。

（十）机械工器具使用安全注意事项

（1）使用工具前应进行检查，机具应按其出厂说明书和铭牌的规定使用，禁止使用已变形、已破损或有的机具。

（2）大锤和手锤的锤头应完整，其表面应光滑微凸，不得有歪斜、缺口、凹入及裂纹等缺陷。大锤及手锤的柄应用整根的硬木制成，不准用大木料劈开制作；木柄应装设牢固，并将头部用楔栓固定。锤柄上不可有油污。不准戴手套或用单手抡大锤，周围不准有人靠近。狭窄区域，使用大锤应注意周围环境，避免返击力伤人。

（3）用凿子凿坚硬或脆性物体时（如生铁、生铜、水泥等），应戴防护眼镜，必要时装设安全遮栏，以防碎片打伤旁人。凿子被锤击部分有伤痕不平整、有油污等，不准使用。

（4）锉刀、手锯、木钻、螺丝刀等的手柄应安装牢固，没有手柄的不准使用。

（5）使用钻床时，应将工件设置牢固后，方可开始工作。清除钻孔内金属碎屑时，应先停止钻头的转动。不准用手直接清除铁屑。使用钻床不准戴手套。

（6）使用锯床时，工件应夹牢，长的工件两头应垫牢，并防止工件锯断时伤人。

（7）使用射钉枪、压接枪等爆发性工具时，禁止将枪口对人，同时应严格遵守说明书的规定和爆破的有关规定。

（8）砂轮应进行定期检查。砂轮应无裂纹及其他不良情况。砂轮应装有用钢板制成的防护罩，其强度应保证当砂轮碎裂时挡住碎块。防护罩至少要把砂轮上半部罩住。禁止使用没有防护罩的砂轮

（特殊工作需要的手提式小型砂轮除外）。砂轮机的防护罩应完整。使用中应经常调节防护罩的可调护板，使可调护板和砂轮间的距离不大于 1.6mm。使用中应随时调节工件托架以补偿砂轮的磨损，使工件托架和砂轮间的距离不大于 2mm。使用砂轮研磨时，应戴防护眼镜或装设防护玻璃。用砂轮磨工具时应使火星向下。不准用砂轮的侧面研磨。无齿锯应符合上述各项规定。使用时操作人员应站在锯片的侧面，锯片应缓慢地靠近被锯物件，不准用力过猛。砂轮机的旋转方向不准正对其他机器、设备。两人以上不得同时使用同一台砂轮机。

（9）安装砂轮片时，砂轮片与两侧板之间应加柔软的垫片，禁止猛击螺帽。

（10）砂轮片有缺损或裂纹者禁止使用，其工作转速应与砂轮机的转速相符。

（11）砂轮片的有效半径磨损到原半径的 1/3 时应更换。

（十一）个人防护用品使用注意事项

详见《新员工分册》相关内容。

四、事故案例分析

［案例］某发电厂当班班长擅自使用解锁钥匙解除运行设备带电间隔的闭锁，引发一起人身触电事件，造成 1 人轻伤

1．事件经过

按照工作计划安排，2014 年 4 月 29 日白天进行该电厂三期独立改造项目 10kV 厂用电 3G、4G 送电试验工作。4 月 28 日，发电部夜班运行人员，于 23：10—23：45 完成了准备操作工作。

4 月 29 日 07：20，运行白班班长王 ××（伤者）及白班值班员徐 ××、崔 × 到达值班现场，并于 07：50 完成交接班。08：00-08：10，白班班长王 ×× 召开班前会，向值班员徐 ××、崔 × 再次交代了设备状态，并对当天工作进行布置，期间三个人均明确知晓 1G2 开关柜进线电缆带电。08：15 左右，班长王 ×× 要求徐 ×× 拿着图纸和有关钥匙（指令未明确钥匙种类）共同去现场核对设备状态，徐 ×× 实际取用了配电室门和开关柜门电磁锁解锁钥匙。08：20 左右，三人到达 10kV 1G、2G 配电室，开始进行检查核对。08：28—08：29，王 ××、徐 ×× 两人检查到 1G2 开关处，崔 × 单独在 2G 附近检查和记录设备状态。王 ×× 通过开关柜电缆室前侧观察窗对柜内接地刀闸位置进行观察，感觉看不清楚，于是要求徐 ×× 将电磁锁解锁钥匙交给自己。徐 ×× 将电磁锁解锁钥匙交与王 ×× 后，自行到盘后观察窗检查设备状态。08：29，王 ×× 使用电磁锁解锁钥匙解除电磁锁，打开电缆室前柜门，双膝跪地向柜内探身查看接地刀闸状态，因头部与带电电缆端头距离过近，形成非接触触电引发弧光放电，并进而引起三相弧光短路，上一级的 47 断路器跳闸，王 ×× 触电倒地。徐 ××、崔 × 听到异常声音并前往 1G2 开关柜前查看，见王 ×× 已自行坐起。两人要求王 ×× 躺下不要动，并通过电话向发电部主任汇报。发电部主任接到现场汇报后，立即拨打 120 急救中心电话。09：35，伤者送到医院。经医院诊断，为电灼伤，灼伤部位主要在双下肢膝盖附近。检查身体各功能均基本正常。

2. 原因分析

（1）管理违章及严重行为违章：当班班长王 ××、徐 ×× 未履行审批手续，取用电磁锁解锁钥匙，王 ×× 擅自使用解锁钥匙解除运行设备带电间隔的闭锁，属于严重违章。

（2）解锁钥匙管理存在漏洞：该解锁钥匙移交给厂发电部后，未按照要求定置、封存管理，相应的钥匙管理制度中也未明确该类钥匙的保管存放要求和使用登记审批要求，实际运行中运行人员可随意取用该解锁钥匙。

（3）对新设备的安全技术培训没有跟上：1G、2G 设备于 3 月 27 交电厂发电部运行管理，并组织了两次培训，但未见详细的培训内容记录和培训签到记录。运行人员对设备依然不太熟悉，特别是对防误闭锁装置、带电间隔的距离、接地刀闸位置等还不够熟悉，部分值班员将电磁锁理解为普通柜门锁，生产人员对钥匙管理、防误管理的有关要求不清楚。

（4）设备管理不完善：①目前 1G、2G 的接线为过渡方式，开关柜的设备名称标识与实际不一致，1G2 柜顶设备名称为“出线柜”，但在过渡期实际是作为进线柜使用；②各开关柜柜门均没有很好的锁闭，各开关柜前柜门应由螺丝拧紧锁闭，但很多开关柜门螺丝均未拧紧或处于松开状态；③高压开关柜前没有铺设绝缘垫。

（5）设备存在一定的安全隐患：① 1G、2G 设备在设计阶段因考虑到配电室的实际空间较为狭小，采用了盘前进线的设计，电缆由电缆室前侧进入柜内，裸露的电缆头与前柜门间距离较近且没有防护绝缘隔板；②该系列开关柜不具备电缆室与接地刀闸之间的机械式闭锁功能；③该系列开关柜的盘后观察窗无法清晰观察到接地刀闸实际状态，通过盘前观察窗查看接地刀闸状态一方面距离较远不易观察，另一方面也只能观察到接地刀闸在拉开时的状态，无法清晰看到接地刀闸合闸状态。

第二章

中级运维专责安全技能

第一节 运行业务安全技能

一、操作票监护

中级运维专责可在操作工作中担任监护人角色，是运维负责人（发令人）下达操作指令的受令人，负责对操作票的正确性进行审核，核实操作项目内容是否正确。负责会同操作人进行模拟预演，并在操作任务中履行监护职责。负责操作任务的汇报和终结。

（一）监护人的安全技能要求

（1）应熟悉安全规程，取得国网新源控股有限公司（简称新源公司）生产人员相应岗位安全资格认证证书。

（2）应熟悉现场设备、现场运行规程及调度规程等，掌握调度术语和操作术语，能正确接收调度命令及发布正确的、完整的操作指令。

（3）应了解清楚操作目的、操作顺序及操作过程中的危险点以及危险点的预控措施。

（4）熟悉操作票全部环节，具备审批操作票正确性的能力。

（5）具备监护人和操作人能力，能担任特别重要和复杂操作的监护人。

（二）监护人的工作要求

1．操作票审核及模拟预演

（1）操作人拟票完毕后，监护人负责对操作票的正确性进行审核，核实操作项目内容是否正确。

（2）操作票审核合格后，电气设备倒闸操作票还进行操作票模拟预演。电气设备倒闸操作票的监护人应事先打印一份纸质的操作票，会同操作人对照模拟图板、五防系统或与现场一致的图纸进行模拟预演，确认操作顺序正确。在模拟预演过程中还要确认危险点分析及预控措施是否恰当。

（3）电气设备倒闸操作票模拟预演无误后，危险点预控分析及预控措施检查恰当后，监护人方可在生产管理系统中签名确认，并提交给审批人。

（4）原则上，监护人不得修改操作票，一旦发现错误或异常，应退回操作人重新修改。

2．操作准备

（1）操作前监护人和操作人应核对实际运行方式，核对系统图，明确操作任务和操作目的，必要时应向发令人（运维负责人）询问清楚，确认无误。

（2）接到当班运维负责人批准的操作票后，在实际操作前，监护人还应先核对电站接线方式、机组运行情况等，开展危险点分析，交待操作人安全注意事项。

3．现场操作及要求

（1）每次操作只能执行一份操作票。

（2）整个操作过程中，操作票和钥匙应由监护人手持。

（3）到达现场后，操作人和监护人应认真核对被操作设备和有关辅助设备的名称、编号和实际状态（位置）。一般情况下，操作人应面向设备站立，监护人站在其侧后方进行监护。

（4）监护人记录操作开始时间，正式开始操作。监护人应按照操作票填写的顺序逐项高声唱票，操作人手指待操作设备的标识高声复诵。监护人确认设备名称及编号与复诵内容、操作票内容等相符后，下令："对，执行"，操作人得到监护人肯定的可以执行操作的答复后，操作人方可执行操作，操作完毕后，操作人回答："操作完毕"。

（5）操作完毕，监护人应认真检查操作质量，确认无误后，在对应的"√"栏内打"√"，对重要项目记录操作时间。若该操作项目还涉及上锁或悬挂接地线，则应在"锁号（地线编号）"栏内填写相应的锁号或接地线编号。

（6）应严格按操作票顺序操作，逐项打勾，严禁跳项操作、打勾。

（7）电气设备操作后的位置检查应以设备实际位置为准，无法看到实际位置时，可通过设备机械位置指示、电气指示、带电显示装置、仪表及各种遥测、遥信等信号的变化来判断。判断时，至少应有两个非同样原理或非同源的指示发生对应变化，且所有这些确定的指示均已同时发生对应变化，才能确认该设备已操作到位。以上检查项目应填写在操作票中作为检查项。检查中若发现其他任何信号有异常，均应停止操作，查明原因。若进行遥控操作，可采用上述的间接方法或其他可靠的方法判断设备位置。

（8）对于无法直接验电的设备（如封闭母线、GIS等电气设备），可以进行间接验电，即通过设备的机械指示位置、电气指示、带电显示装置、仪表及各种遥测、遥信等信号的变化来判断。判断时，至少应有两个非同样原理或非同源的指示发生对应变化，且所有这些确定的指示均已同时发生对应变化，才能确认该设备已无电。以上检查项目应填写在操作票中作为检查项。检查中若发现其他任何信号有异常，均应停止操作，查明原因。若进行遥控操作，可采用上述的间接方法或其他可靠的方法进行间接验电。

（9）检查动力机械设备或系统是否已安全泄压，可通过阀门机械指示位置、热工仪表指示以及现场实际情况（如有无水、气流动声音等）进行综合分析确定。检查项目应填写在操作票中作为检查项。

（10）应加挂机械锁的情况：

电气设备操作：

1）电气设备待用间隔（母线连接排、引线已接上母线的备用间隔）应有名称、编号，并列入调度管辖范围。其隔离开关（刀闸）操作手柄、网门应加锁。

2）未装防误操作闭锁装置或闭锁装置失灵的隔离开关（刀闸）手柄和网门。

3）当电气设备处于冷备用时，网门闭锁失去作用时的有电间隔网门。

4）设备检修时，回路中的各来电侧隔离开关（刀闸）操作手柄和电动操作隔离开关（刀闸）机构箱的箱门。

机械设备操作：

1）压力管道、蜗壳和尾水管等重要泄压阀。

2）在一经操作即可送压且危及人身或设备安全的隔离阀（闸）门。

3）设备检修时，系统中的各来电侧的隔离开关（刀闸）操作手柄和电动操作隔离开关（刀闸）机构箱的箱门。

4）为泄压所开启的有关阀门，在检修过程中应一直保持在可靠的全开位置，悬挂“禁止操作，有人工作”的标示牌，同时加挂机械锁。

5）在一经操作即可送压到工作地点或使工作地点建压的各隔离点的所有阀（闸）门的操作把手、控制按钮、泵启停控制按钮上，悬挂“禁止操作，有人工作”的标示牌。阀（闸）门应加锁。

6）如有多级串联，在危险介质来源处的阀（闸）门已可靠关严并加锁、悬挂“禁止操作，有人工作”标示牌的情况下，检修系统隔离范围内的阀（闸）门可不重复加锁，因检修需要调整开启这些阀（闸）门时，应暂停该系统相关工作面的工作，以防伤人，确认无泄漏后方可继续工作。

机械锁由设备运维检修部配备管理，要一把钥匙开一把锁，钥匙要编号并妥善保管。

（11）悬挂在带电设备周围的标示牌应采用绝缘材质。

（12）其他操作要求：

1）监护操作时，其中一人对设备较为熟悉者作监护。特别重要和复杂的倒闸操作，由熟练的运维人员操作，具有高级运维专责资格的人员或运维负责人监护。

2）禁止监护人直接操作设备。

3）操作中发生疑问时，应立即停止操作并向发令人报告。待发令人再行许可后，方可进行操作。操作过程中如因设备缺陷或其他原因而中断操作时，应待缺陷处理好后继续操作；如缺陷暂时无法处理且对下面的操作安全无影响时，经发令人同意后方可继续操作；未操作的项目应在备注栏内注明原因。因故中断操作，在恢复操作前，操作人员应重新进行核对，确认被操作设备、操作步骤正确无误。

4）监护人和操作人不得擅自更改操作票，不准随意解除闭锁装置。解锁工具（钥匙）应封存保管，所有操作人员和检修人员禁止擅自使用解锁工具（钥匙）。若遇特殊情况需解锁操作，应经运维管理部门防误操作装置专责人或运维管理部门指定并经书面公布的人员到现场核实无误并签字后，由运维人员告知当值调控人员，方能使用解锁工具（钥匙）。单人操作、检修人员在倒闸操作过程中禁止解锁。如需解锁，应待增派运维人员到现场，履行上述手续后处理。解锁工具（钥匙）使用后应及时封存并做好记录。

（13）运维人员的正常操作不受任何人非法干预。

4．操作汇报及终结

（1）操作票上的操作项目全部操作完毕，监护人在操作票最后一页及第一页记录“操作结束时间”，在每张操作票上指定位置盖“已执行”章，并向运维负责人汇报操作情况。

（2）监护人应及时在生产管理系统中回填纸质操作票有关终结信息。

二、工作票许可和终结

（一）工作票概述

1．工作票定义与填用范围

工作票是在电力生产现场、设备、系统上进行检修作业的安全许可证，也是执行保证安全技术措施的书面依据，是检修工作负责人、工作许可人双方共同持有、共同强制遵守的书面安全约定。在电气设备、水力机械设备和水工建筑物上工作均应填用工作票。

工作票的填写、审核和审批应在生产管理信息系统中按流程要求进行，如系统故障时，应使用手写工作票，待系统恢复后，再补录入相关信息。

2. 工作票主要环节

原则上工作负责人填写工作票，工作票签发人审核并签发工作票。运维负责人接收并审核工作票，工作许可前告知值守人员工作任务、内容以及计划工作时间，运维负责人组织隔离操作。操作完毕后，工作许可人会同工作负责人现场办理工作票许可手续。工作开始前，工作负责人对全体工作班成员进行安全交底。工作过程中，需要变更人员或工作任务时应履行变更手续。工作结束后，工作负责人办理工作终结手续，并由运维负责人告知值守人员工作完成情况。

（二）工作许可人

1. 人员条件

工作许可人应是经部门（车间）生产领导批准的、有一定工作经验的运行值班人员，是中级运维专责及以上人员。

2. 安全技能要求

（1）应熟悉安全规程，取得新源公司生产人员相应岗位安全资格认证证书。

（2）负责审查工作票所列安全措施是否正确、完备，是否符合现场条件。

（3）工作现场布置的安全措施是否完善，必要时予以补充。

（4）负责检查检修设备有无突然来电、转动，有无流入油、水、气以及可燃易爆、有毒有害介质的危险。

（5）对工作票所列内容即使发生很小疑问，也应向工作票签发人询问清楚，必要时应要求作详细补充。

（三）工作票许可

1. 工作票的填写与确认

工作许可人在确认完成检修工作的安全措施后，应在生产管理信息系统内对工作票进行编号，并打印出纸质的工作票（运行联、检修联），会同工作负责人手持纸质工作票，共同到现场检查确认所做的安全措施，包括如下方面：

（1）指明实际的隔离措施。

（2）交待安全注意事项。

（3）说明补充的安全措施。

（4）证明检修设备确无电压，确认检修设备已泄压、降温，且没有油、水、气等介质流入的危险。

（5）指明带电设备的位置，指明带压、高温设备的位置和有爆炸等危险的因素，交待工作过程中的注意事项。

（6）确认工作地点，并在具体工作地点或工作地点围栏入口处，设置“在此工作”标示牌。

2．工作许可手续的完成

工作负责人和工作许可人双方确认无误后，工作许可人和工作负责人分别在运行联和检修联打“√”确认并填写许可工作时间，双方分别在工作票运行联和检修联的相应位置上手工签名，完成许可手续。

3．许可手续完成后的工作

（1）工作许可人将检修联工作票交给工作负责人随身携带，检修联工作票应保存在工作现场。

（2）工作许可人应收执运行联工作票，立即向运维负责人汇报，及时在生产管理信息系统内登记相关信息；运维负责人向值守人员告知相关情况。

（3）运行联工作票应按班次移交。

4．工作许可过程宜进行录音

第二种工作票可采取电话许可方式，但应录音，并各自做好记录。采取电话许可的工作票，工作所需安全措施可由工作人员自行布置，工作结束后应汇报工作许可人。生产单位应结合现场实际制定可采取电话许可方式的业务范围及工作流程，经本单位安全监察质量部批准后发布执行。

（四）工作试运

1．工作试运安全要求

对需要经过试运检验检修质量后方能交工的工作，或工作中间需要启动检修设备时，如不影响其他工作班组安全措施范围的变动，应按下列条件进行：

（1）工作负责人在试运前应将全体工作人员撤至安全地点，将所持工作票交工作许可人。

（2）工作许可人认为可以进行试运时，应将试运设备检修工作票有关安全措施撤除，检查所有工作人员确已撤出检修现场后，在确认不影响其他作业班组安全的情况下，进行试运。

（3）若检修设备试运将影响其他作业班组安全措施范围的变动和其他作业班组人员安全时，只有将所有作业班组全体人员撤离至安全地点，并将该设备系统的所有工作票收回时，方可进行试运。

2．试运后工作班需继续工作时安全要求

应按下列条件进行：

（1）工作许可人按工作票要求重新布置安全措施并会同工作负责人重新履行工作许可手续后，工作负责人方可通知工作人员继续进行工作。

（2）如工作需要改变原工作票安全措施范围时，应重新签发新的工作票。

（五）工作票终结

1．工作结束手续

应严格执行工作结束手续，做到“四不结束”，即：

（1）检修试验人员未全部撤离工作现场不结束。

（2）设备变更交接不清或记录不明不结束。

（3）现场没有清理干净不结束。

（4）检修试验人员和工作许可人没有共赴现场检查及检查不合

格不结束。

2.《第二种工作票》和《（水力）机械工作票》的工作票终结

（1）工作许可人现场验收合格后，应与工作负责人一起，分别在工作票运行联和检修联的“工作票终结”栏上注明验收时间，并签名。

（2）工作许可人还应在工作票运行联和检修联的指定位置加盖“已终结”印章，表示工作票终结。

3.《第一种工作票》的工作票终结

（1）工作许可人现场验收合格后，应与工作负责人一起，分别在工作票运行联和检修联的“工作终结”栏上注明验收时间，并签名。

（2）工作许可人还应在工作票运行联和检修联的指定位置处盖“工作结束”印章，表示工作终结。

（3）如由电站管辖设备，当同一停电系统或同一停役隔离系统的所有工作全部结束，临时遮栏、标示牌已拆除，常设遮栏已恢复：

1）在得到运维负责人复役操作指令后，执行复役操作，复役操作要求执行《操作票管理手册》；

2）当合上的接地开关，装设的接地线全部拉开或拆出后，由工作许可人将已拉开的接地开关、拆除的接地线的编号、数量填入工作票运行联“工作票终结”栏中；

3）工作许可人在工作票运行联指定位置处盖“已终结”印章，表示工作票终结。

（4）如由上级调度管辖设备，当同一停电系统或同一停役隔离系统的所有工作全部结束，临时遮栏、标示牌已拆除，常设遮栏已恢复：

1）由调度下令操作的接地开关（接地线）暂未拉开或拆除，在工作许可人现场核实后，将未拉开或拆除的接地开关（接地线）汇报运维负责人，由运维负责人通知值守人员向上级调控人员汇报，并填入工作票运行联的“工作票终结”栏。

2）工作许可人在工作票运行联指定位置处盖“已终结”印章，表示工作票终结。

3）在同一停电系统的所有工作票都已终结或同一停役隔离系统的所有工作票都已终结，并得到调度值班员、运维负责人的许可指令后，方可执行调度复役操作指令。

工作许可人应向运维负责人汇报工作票终结情况，将所持工作票运行联交给运维负责人，并及时在生产管理信息系统中录入相关信息。

三、值守工作

（一）交接班

1．交接班通用安全注意事项

（1）交、接班人员，应是具备相应资质并经公司发文明确的人员，负责交接班的人员应是中级运维专责及以上人员。

（2）交班人员应在交班前半小时做好准备工作，接班人员应在接班前15min达到现场。

（3）交接班前15min内，一般不进行重大操作。若交接班前正在进行操作或事故处理，应在操作、事故处理完毕或告一段落后，再进行交接班。

（4）在交接班过程中发生事故时，仍由交班人员负责处理，接班人员可在交班人员的统一指挥下协同处理，如交接双方已签名，则发生事故由接班人员处理，交班人员协助。

（5）接班人员应精神状态良好，接班前8h内不能喝酒；若出现精神异常或醉酒，不能胜任值班工作，交班人员应拒绝交班并立即向运维检修管理部门负责人汇报。

（6）上级命令、指示交代不明确或有关技术记录、异动情况交代不清楚、运维钥匙、工具不全，接班人员应拒绝接班。

（7）交接班双方有不同意见影响正常交接班时，交班人员应向运维检修部负责人征求解决方案，在此期间，工作由交班人员负责。

（8）交接班内容以生产管理系统交接班记录为准。工作职责、任务及责任的转移以生产管理信息系统中交、接班双方负责人签名确认为准。操作 /ONCALL 交接班可在生产管理信息系统中的 ONCALL 交接班模块中进行。

（9）任何情况下，若接班人员未按时到场，交班人员必须坚守工作岗位，履行工作职责。

2．交接班风险辨识

交接班风险辨识见表 2-1。

表 2-1　　交接班风险辨识

分类		危险源	存在风险	风险等级	应对措施
大类	小类				
特殊运行方式	电站主接线非全接线运行	线路跳闸，机组运行工况（发电或抽水）下，导致机组甩负荷	机组甩负荷、过速	一般	（1）现场放置机组失稳失控运行现场处置方案。 （2）做好手动关闭球阀或导叶的准备。 （3）如高压注油泵等重要辅机设备严格执行定期切换试验工作
			过速过程伴随着剧烈的振动、蜗壳转轮室压力上升、转子存在过速损伤	一般	（1）中控室加强监视机组出口电压曲线和蜗壳转轮压力上升曲线，确认各个参数上升值在安全范围。 （2）安排维护人员停机工况时定期对风洞和水车室进行检查。 （3）安排运行人员在运行工况时重点巡视水车室，关注是否有异音
			球阀关闭失败、导叶关闭失败，导致机组失控	一般	（1）值班室放置机组失稳失控运行现场处置方案。 （2）做好手动关闭球阀或导叶的准备

续表

<table>
<tr><th colspan="2">分类</th><th rowspan="2">危险源</th><th rowspan="2">存在风险</th><th rowspan="2">风险等级</th><th rowspan="2">应对措施</th></tr>
<tr><th>大类</th><th>小类</th></tr>
<tr><td rowspan="5">特殊运行方式</td><td rowspan="2">电站主接线非全接线运行</td><td rowspan="2">线路跳闸，厂用电失电</td><td>厂用电部分或全部丢失时间过长导致水淹厂房及顶盖上水淹没水导风险，导致压油系统低油压风险，导致直流系统电压低，甚至断电，全厂失去监控</td><td>一般</td><td>（1）现场放置厂用电丢失运行现场处置方案。
（2）做好厂用电倒换准备。
（3）厂用电全部消失时，做好设备监视，并尽快恢复厂用电系统，保证集水井排水系统、蓄电池及消防系统等重要辅助设备的供电安全</td></tr>
<tr><td>部分或全厂照明丢失</td><td>一般</td><td>（1）现场放置厂用电丢失运行现场处置方案。
（2）值班人员佩戴或准备好应急照明设备</td></tr>
<tr><td rowspan="3">厂用电系统非全接线运行方式</td><td rowspan="2">厂用电故障失电</td><td>厂用电部分或全部丢失时间过长导致水淹厂房及顶盖上水淹没水导风险，导致压油系统低油压风险，导致直流系统电压低，甚至断电，全厂失去监控</td><td>一般</td><td>（1）现场放置厂用电丢失运行现场处置方案。
（2）做好厂用电倒换的准备。
（3）厂用电全部消失时，做好设备监视，并尽快恢复厂用电系统，保证集水井排水系统、蓄电池及消防系统等重要辅助设备的供电安全</td></tr>
<tr><td>部分或全厂照明丢失</td><td>一般</td><td>（1）现场放置厂用电丢失运行现场处置方案。
（2）值班人员佩戴或准备好应急照明设备</td></tr>
<tr><td>机组异常运行</td><td>运行机组由于重要辅机失电导致温度升高跳机</td><td>一般</td><td>（1）加强监盘及现场巡视，加强对机组各部瓦温、水温、油温以及机组振动的监视，如出现故障立即进行现场排查和事故处理，如影响机组安全运行，则申请负荷转移。
（2）做好机组跳机事故预想</td></tr>
</table>

续表

分类		危险源	存在风险	风险等级	应对措施
大类	小类				
特殊运行方式	厂用电系统非全接线运行方式	机组异常运行	运行机组事故低油压导致运行机组跳机风险	一般	（1）厂用电全部消失时，做好设备监视，并尽快恢复厂用电系统，如厂用电暂时不能恢复，立即启动柴油发电机带厂用电，保证集水井排水系统、蓄电池及消防系统等重要辅助设备的供电安全。 （2）做好机组跳机事故预想
	电站机组小系统运行	运行机组跳机	小系统运行时机组不稳定	一般	严密监视小系统运行机组频率、电压，加强运行设备检查
			小系统运行时机组振动较大	一般	加强监盘及现场巡视，加强对机组各部瓦温、水温、油温以及机组振动的监视，如出现故障立即进行现场排查和事故处理，如影响机组安全运行，则申请负荷转移
		厂用电失电	厂用电部分或全部丢失时间过长导致水淹厂房及顶盖上水淹没水导风险，导致压油系统低油压风险，导致直流系统电压低，甚至断电，全厂失去监控	一般	（1）现场放置厂用电丢失运行现场处置方案。 （2）做好厂用电倒换的准备。 （3）厂用电全部消失时，做好设备监视，并尽快恢复厂用电系统，保证集水井排水系统、蓄电池及消防系统等重要辅助设备的供电安全
			部分或全厂照明丢失	一般	（1）现场放置厂用电丢失运行现场处置方案。 （2）值班人员佩戴或准备好应急照明设备
	水库水位非正常运行	运行机组跳机	抽蓄机组水库水位过高或过低跳机风险。机组低水头振动过大跳机风险	一般	加强监视水库水位变化，利用工业电视等作为辅助监视手段，要考虑波动水位监测的突变造成异常跳机，做好事故预想。低水头机组发电振动过大，联系调度调减出力或停机

续表

分类		危险源	存在风险	风险等级	应对措施
大类	小类				
特殊运行方式	水库水位非正常运行	运行机组跳机	汛期水电机组大发电，长期运行存在的跳机风险	一般	大发电机组长时间运行，对各部瓦温、水温、油温以及机组振动摆度等加强趋势分析，动态跟踪
		超淹没线、溢坝、漫坝	水库水位过高，超淹没线造成库区财产损失风险	一般	水库水位达到预定位置，及时启动预案，通知到位，避免造成更多的淹没损失
			水库水位过高，局部造成溢坝漫坝风险	一般	水库水位过高，溢洪坝面过水，通过溢洪闸门泄洪，严格执行泄洪通知规定，避免造成意外的损失。普通坝面要避免漫坝、溢坝，杜绝因此造成的水电站垮坝风险
特殊天气	冰冻	线路严重覆冰，最终导致线路跳闸	冰冻导致户外操作机构卡涩	一般	（1）线路结冰，立即汇报调度投入融冰装置融冰。 （2）加强对户外设备巡检，及时清除线路上、绝缘瓷瓶、操作机构等处的冰雪。 （3）做好户外设备防寒保暖工作，根据气温变化及时增减加热器。 （4）线路结冰、损坏或断塔后立即联系线路检修工作人员对结冰、损坏线路、断塔进行抢修
			线路跳闸导致运行机组甩负荷、过速风险；过速过程伴随着剧烈的振动、蜗壳转轮室压力上升、转子存在过速损伤	一般	（1）现场放置机组失稳失控运行现场处置方案。 （2）做好手动关闭球阀或导叶的准备。 （3）如高压注油泵等重要辅机设备严格执行定期切换试验工作。 （4）中控室加强监视机组出口电压曲线和蜗壳转轮压力上升曲线，确认各个参数上升值在安全范围。 （5）安排维护人员停机工况定期对风洞和水车室进行检查。 （6）安排运行人员在运行工况时重点巡视水车室，关注是否有异音

续表

分类		危险源	存在风险	风险等级	应对措施
大类	小类				
特殊天气	冰冻	线路严重覆冰，最终导致线路跳闸	球阀关闭失败、导叶关闭失败，导致机组失控	一般	（1）值班室放置机组失稳失控运行现场处置方案。 （2）做好手动关闭球阀或导叶的准备
			线路跳闸导致厂用电消失风险	一般	（1）现场放置厂用电丢失运行现场处置方案。 （2）做好改变厂用电接线方式使其保持正常的准备。 （3）厂用电全部消失时，做好设备监视，并尽快恢复厂用电系统，保证集水井排水系统、蓄电池及消防系统等重要辅助设备的供电安全。 （4）值班人员佩戴或准备好应急照明设备。 （5）加强对柴油发电机润滑油及柴油检查，防止柴油冰冻，柴油发电机启动不正常
		水库水面冰冻，机组无法正常发电或抽水	弧门前结冰风险	一般	（1）进入极易冰冻天气为防止结冰和影响水库安全运行，电站可联系调度，确保每天安排蓄能电站机组中至少1台机组抽水、发电两个循环，视情况运行一定时间。 （2）加强对大坝、进水口巡视检查，确保破冰装置正常运行
			机组引水洞补气孔结冰风险	一般	（1）进入极易冰冻天气为防止结冰和影响水库安全运行，电站可联系调度，确保每天安排蓄能电站机组中至少1台机组抽水、发电两个循环，视情况运行一定时间。 （2）加强对大坝、进水口巡视检查，确保破冰水泵正常运行

续表

分类		危险源	存在风险	风险等级	应对措施
大类	小类				
特殊天气	冰冻	水库水面冰冻，机组无法正常发电或抽水	水库水面冰冻，存在机组无法正常发电或抽水以及上池面板损坏风险	一般	（1）进入极易冰冻天气为防止结冰和影响水库安全运行，电站可联系调度，确保每天安排蓄能电站机组中至少1台机组抽水、发电两个循环，视情况运行一定时间。 （2）加强对大坝、进水口巡视检查，确保破冰水泵正常运行。 （3）当发现水面出现碎冰，机组运行声音异常时，立即联系调度，停机处理
	酷暑	连续高温，户外设备温度过高，出现缺陷、故障现象或必须限制运行	机组长时间满出力运行，运行设备温度过高存在限制出力或跳机风险	一般	（1）机组运行监盘，加强对各瓦温、油温、绕组温度的监视，增加现场运行设备的巡视。 （2）出现设备温度高报警时，及时到现地查看，调出温度曲线，跟踪温度变化趋势，及时调整冷却水流量或压力、增加冷却器台数，必要时向调度申请相关机组降出力运行或停机。 （3）合理安排机组的启动顺序，避免机组长时间运行
			变压器接头、引线等处温度高	一般	变压器温度利用红外测温仪定期检测变压器温度，温度高时多投冷却器或冷却风扇
		连续高温，人员户外工作中暑	连续高温，人员户外工作中暑	一般	高温天气，做好人员防暑工作，根据气温情况合理安排户外工作时间

续表

<table>
<tr><th colspan="2">分类</th><th rowspan="2">危险源</th><th rowspan="2">存在风险</th><th rowspan="2">风险等级</th><th rowspan="2">应对措施</th></tr>
<tr><th>大类</th><th>小类</th></tr>
<tr><td rowspan="4">特殊天气</td><td rowspan="4">暴雨或持续降雨</td><td rowspan="2">雨水过于集中，导致水库水位上涨，需要安排泄洪</td><td>水库水位过高，造成溢坝漫坝风险</td><td>一般</td><td>（1）加强水库水位动态监测及水情自动化系统巡视检查。与气象部门做好沟通联系，提前对雨情进行分析，及时安排泄洪。
（2）加强厂外设备及水工建筑物巡视，检查各泄水闸门操作机构及电源供电情况，如发现异常及时排查处理。
（3）水库水位达到预定位置，及时启动预案，通知到位，避免造成更多的淹没损失。
（4）水库水位过高，溢洪坝面过水，通过溢洪闸门泄洪，严格执行泄洪通知规定，避免造成意外的损失。普通坝面要避免漫坝、溢坝，杜绝因此造成的水电站垮坝风险</td></tr>
<tr><td>抽蓄机组上水库水位过高跳机风险</td><td>一般</td><td>运行中的机组安全受到威胁时，立即与调度联系，改变机组运行方式，降低水位</td></tr>
<tr><td rowspan="2">厂房、地下厂房雨水倒灌</td><td>厂内排水系统无法正常工作排水，厂房内水位升高，可能造成水淹厂房</td><td>一般</td><td>（1）立即组织人员用防洪沙袋在厂房通风兼安全洞、交通洞、施工支洞等洞口筑起阻水水坝，防止大量雨水进入厂房。
（2）注意关注地下厂房集水井水位上升情况，必要时增加深井泵台数或采取辅助手段排水</td></tr>
<tr><td>厂内过水区域部分电气开关拒动，可能会造成人身涉水触电</td><td>一般</td><td>提前对厂内过水设备停电</td></tr>
</table>

续表

分类		危险源	存在风险	风险等级	应对措施
大类	小类				
特殊天气	暴雨或持续降雨	公路边坡塌方、泥石流等	道路交通阻断甚至造成人员伤亡	一般	（1）封锁边坡塌方、泥石流流经地带，禁止无关人员入内，对灾害现场进行全面检查，迅速确定事故发生的准确位置、人员伤亡情况等，有人员伤亡时，现场及时开展自救，并拨打120急救电话，确保伤者得到及时救助。（2）通知政府相关部门配合及时清理开通受阻道路
			道路交通阻断导致无法到达部分户外设备所在地	一般	通知政府相关部门配合及时清理开通受阻道路
		厂房空气潮湿，湿度较大电气设备绝缘降低	地下厂房空气潮湿，易形成结露，电气设备绝缘易受影响	一般	合理安排通风系统运行方式，开启除湿机控制厂房湿度，加强设备巡视，对绝缘可能受较大影响的设备盘柜定期检查，必要时投入除湿设备
	雷电	线路跳闸	线路跳闸导致运行机组跳机风险	一般	（1）做好机组跳机及厂用电消失的事故预想。（2）视情况及时启动相关预案
			线路跳闸导致厂用电消失风险	一般	（1）做好机组跳机及厂用电消失的事故预想。（2）视情况及时启动相关预案
		户外雷击，相关作业风险	户外设备遭雷击损坏风险	一般	（1）加强对设备的监视，充分利用工业电视系统巡查户外设备。（2）雷电天气前切断容易遭受雷击损坏的户外辅助设备（如室外照明电源等）。（3）雷电过后现场检查户外设备情况并记录避雷器动作次数及泄漏电流

续表

<table>
<tr><th colspan="2">分类</th><th rowspan="2">危险源</th><th rowspan="2">存在风险</th><th rowspan="2">风险等级</th><th rowspan="2">应对措施</th></tr>
<tr><th>大类</th><th>小类</th></tr>
<tr><td rowspan="6">特殊天气</td><td>雷电</td><td>户外雷击，相关作业风险</td><td>人身伤害风险</td><td>一般</td><td>（1）禁止进行户外设备操作。
（2）设备巡视时应制定必要的安全措施，巡视人员与派出部门之间保持通信联系。
（3）户外作业遇雷雨天气应立即停止作业，就近找到能避雷电的地方，不能躲在大树下，远离电线杆、铁塔、避雷器和避雷针等接地装置</td></tr>
<tr><td rowspan="5">台风</td><td rowspan="2">线路跳闸</td><td>线路跳闸导致运行机组跳机风险</td><td>一般</td><td>（1）做好机组跳机及厂用电消失的事故预想。
（2）视情况及时启动相关预案</td></tr>
<tr><td>线路跳闸导致厂用电消失风险</td><td>一般</td><td>（1）做好机组跳机及厂用电消失的事故预想。
（2）视情况及时启动相关预案</td></tr>
<tr><td rowspan="2">暴雨风险</td><td>暴雨导致水库水位快速上涨的风险</td><td>一般</td><td>（1）加强水库水位动态监测及水情自动化系统巡视检查。与气象部门做好沟通联系，提前对雨情进行分析，及时安排泄洪。
（2）提前对厂外设备及水工建筑物巡视，检查各泄水闸门操作机构及电源供电情况，如发现异常及时排查处理。
（3）视情况及时启动相关预案</td></tr>
<tr><td>雨量过于集中，排水不畅导致雨水倒灌水淹厂房风险</td><td>一般</td><td>（1）立即组织人员用防洪沙袋在厂房通风兼安全洞、交通洞、施工支洞等洞口筑起阻水水坝，防止大量雨水进入厂房。
（2）做好抢险物资准备。
（3）提前对户外设备进行加固。
（4）视情况及时启动相关预案</td></tr>
<tr><td>户外设备损坏及人身伤害</td><td>台风导致出线场设备损坏，杆塔倒塌，全厂失电风险</td><td>一般</td><td>（1）做好机组跳机及厂用电消失的事故预想。
（2）视情况及时启动相关预案</td></tr>
</table>

续表

分类		危险源	存在风险	风险等级	应对措施
大类	小类				
特殊天气	台风	户外设备损坏及人身伤害	台风伴随暴雨引起泥石流，威胁人身、设备安全风险	一般	（1）取消或暂停户外作业保证人身安全。 （2）提前对户外设备进行加固
			台风损坏基础设施、户外设备导致与外界沟通中断	一般	（1）提前对户外设备进行加固。 （2）视情况及时启动相关预案
			人身伤害风险	一般	（1）取消或暂停户外作业保证人身安全。 （2）视情况及时启动相关预案
	雾霾	线路跳闸	由于大气湿度及污秽物增加易导致污闪、线路跳闸，部分或全部厂用电失电	一般	（1）做好机组跳机及厂用电消失的事故预想。 （2）视情况及时启动相关预案
设备特殊情况运行	新设备投运或主设备大修后投运初期	新设备投运初期运行异常	新设备投运初期处于磨合期，会出现设计与实际有偏差、设备运行参数不正常或达不到预计性能，不稳定，存在声音异常、温度、振动较大等造成新设备损坏风险	一般	（1）做好新设备投运的交接工作，并做好新设备的培训工作。 （2）加强对新设备现场详细巡视检查，并记录温度、电流、电压、流量、压力等反应设备健康状况的各种数据，进行趋势分析，动态跟踪，若发现异常，立即排查处理。 （3）新设备投运及检修后运行均应制定设备特巡方案，按照要求严格执行
		机组检修后运行初期异常	机组检修后运行初期声音异常，振动、摆动较大，导致轴承温度较高、运行参数不稳定等造成机组损害或跳闸风险	一般	（1）机组检修后，应对检修过程中处理过的缺陷、反措、隐患进行重点排查和监视。 （2）加强对检修后机组及其辅助设备现场详细检查，监控监视机组运行参数变化情况，特别是温度、振摆、电压、电流、功率等数据监视及报警信息、声音情况，进行趋势分析，动态跟踪，发现异常，及时分析判断，汇报调度，停机处理

续表

<table>
<tr><th colspan="2">分类</th><th rowspan="2">危险源</th><th rowspan="2">存在风险</th><th rowspan="2">风险等级</th><th rowspan="2">应对措施</th></tr>
<tr><th>大类</th><th>小类</th></tr>
<tr><td rowspan="3">设备特殊情况运行</td><td>新设备投运或主设备大修后投运初期</td><td>主变压器检修后运行（额定负载）异常</td><td>主变压器检修后投运异常出现温升过快，套管放电、本体漏油等现象，导致开关跳闸</td><td>一般</td><td>加强对检修后主变压器现场巡视检查，特别是温度、声音、油位是否异常，进行趋势分析，动态跟踪，若发现异常，立即排查处理，必要时停电处理</td></tr>
<tr><td rowspan="2">设备带病运行</td><td rowspan="2">设备带病运行，影响正常设备安全运行</td><td>会导致设备故障跳闸退出运行</td><td>一般</td><td>（1）设备存在缺陷应及时消除，尽量避免带病运行。
（2）带病运行的设备应制定相应的特巡计划及临时措施，并按照标准严格执行，同时在日常的巡视过程中应加强巡视。
（3）针对带病运行的设备应尽早提前谋划处理，结合定检或者检修，如需要厂家到位及时联系，物品备件问题进行紧急采购，确保主设备的完整运行</td></tr>
<tr><td>事故扩大，影响其他设备的正常运行</td><td>一般</td><td>（1）带病运行的设备应制定可靠的临时措施，如改变接线、切至备用设备等。
（2）如影响到其他设备的安全运行，应采取相应措施，切除设备的同时做好设备的紧急处理，做好隔离工作，防止事故扩大。
（3）带病运行设备必须严格执行相关规定，其性能必须满足基本运行要求且不影响其他设备的正常运行。
（4）带病运行的设备应制定相应的特巡计划及临时措施，并按照标准严格执行，同时在日常的巡视过程中应加强巡视。
（5）针对带病运行的设备应尽早提前谋划处理，结合定检或者检修，如需要厂家到位及时联系，物品备件问题进行紧急采购，确保主设备的完整运行</td></tr>
</table>

续表

分类		危险源	存在风险	风险等级	应对措施
大类	小类				
设备特殊情况运行	设备异动后运行	异动后的设备运行异常	设备性能达不到运行要求，造成故障跳闸退出运行甚至设备损坏	一般	（1）设备异动需做好其培训工作，及时更新相应图纸和参数，组织人员学习。 （2）设备异动后，应加强监视与分析，查看其性能是否达到预计要求，一旦发现运行异常，及时排查故障，甚至停电处理。 （3）设备异动后如出现异常，应进行全面的分析和梳理，是设计考虑不周全还是设备本身存在问题，判断原因后进一步加以修改处理，以保证运行的稳定性
		执行临时措施后设备运行异常	导致设备故障跳闸退出运行	一般	执行临时措施后如出现异常，应进行全面的分析和梳理以保证运行的稳定性
			造成设备损坏	一般	执行临时措施后如出现异常，应进行全面的分析和梳理以保证运行的稳定性
			设备性能达不到运行要求	一般	（1）执行临时措施需做好其培训工作，及时更新相应图纸和参数，组织人员学习。 （2）执行临时措施后，应加强监视与分析，及时排查故障，甚至停电处理。 （3）执行临时措施后如出现异常，应进行全面的分析和梳理以保证运行的稳定性
	设备限制或限额运行	设备限制或限额运行，突破限制，造成后果	导致设备启动失败，故障甚至跳闸	一般	（1）加强对有关设备的运行监视及巡视检查，严格执行限制运行要求。 （2）运行人员应对设备的参数进行熟记，包括最低值、正常值、报警值、跳机值等。 （3）对于设置限制运行的装置，应严格履行相关制度和手续，任何人不得无故改变设备本身的定值、参数等，解除限制设置密码，并执行审批手续。 （4）如确已突破运行限制，应认真监视设备的运行状况，是否满足运行的条件，如有异常立即进行相应的处理；若保护相应动作，则按照影响流程进行处理。 （5）在正常执行的过程中，有可能突破或者解除限制运行的操作尽量由两个人执行，一人执行操作，一人监护，确保不发生误操作

续表

分类		危险源	存在风险	风险等级	应对措施
大类	小类				
设备特殊情况运行	超负荷运行	发电机定子绕组、转子绕组、定子铁芯温度高报警	影响发电机定转子绝缘材料的运行，造成不可靠运行	一般	（1）监盘过程中应对定子绕组、定子铁芯、转子磁极各温度测点进行严密监视，尤其是跳机量。 （2）加强发电机检修过程中对定子、转子回路的检查，及时发现问题并消缺
			定子、转子绕组温度过高会绕组过热甚至烧损	一般	（1）出现发电机定子、转子温度高及时检查冷却水流量、根据需要及时调节，检查机组负荷是否有在允许范围内，必要时向调度申请降低或转移负荷。 （2）在发电机检修过程中加强对定子、转子回路的检查，及时发现问题并消缺
			发电机滑环放电、甚至损坏转子磁极	一般	（1）监盘过程中应对定子绕组、定子铁芯、转子磁极各温度测点进行严密监视，尤其是跳机量。 （2）在发电机检修过程中加强对定子、转子回路的检查，及时发现问题并消缺
		主变压器绕组、油温、电流过高	主变压器温度高加快主变压器绝缘老化甚至损坏	一般	超负荷运行时加强对主变压器温度、振动、声音的监视，并利用红外测温设备检查各处具体温度，及时增加冷却器台数，必要时向调度申请降低或转移负荷

（二）监盘和调整

1．监盘和调整通用注意事项

（1）日常机组启停和监盘调整操作人应具备中级运维专责或以上资格，并经公司发文明确的人员。

（2）监盘调整人员连续值班时间不宜过长，避免疲劳作业导致误操作或监盘不到位现象发生。

（3）监盘调整人员应按照上级调度部门下达的上网发电计划曲

线，调整发电负荷，若无发电计划曲线的，应按照调度实际指令运行，严禁擅自改变设备状态或出力情况。

（4）监盘调整人员发现有威胁设备安全运行或无法向电网提供申报的最高、最低可调出力时，应及时向上级调度部门汇报，按照上级值班调度人员指令进行操作，必要时申请修改出力计划或退出旋转备用容量。

（5）监盘调整人员应加强监盘，保证监盘质量，保证电站设备运行参数在允许的范围之内，当参数超过规定的限额或出现报警时，应能及时发现、做出分析，并按照现场运行规程的规定进行调整。

2．监盘和调整风险辨识

监盘和调整风险辨识见表2-2。

表2-2 监盘和调整风险辨识

分类		危险源	存在风险	风险等级	应对措施
大类	小类				
监盘和调整业务不当	监盘不到位	人员因素导致监盘不到位，未能及时发现设备缺陷导致运行机组跳机	人员精神状况不合适	一般	（1）交接班时应加强关注接班人员精神状况，若出现精神异常或醉酒，不能胜任值班工作，交班人员应拒绝交班并立即向运维检修管理部门负责人汇报。 （2）当班期间，若值守人员发现身体状况异常，不能继续值班时，应立即汇报运维检修管理部门负责人，并由其安排合格人员替代
			人员业务水平不足	一般	（1）值守人员应为具备中级运维专责或以上资格、具备相应业务水平人员。 （2）监盘期间，应加强对各画面轮番监视，出现不熟悉的报警时应询问有经验的人员或专业人员

续表

分类		危险源	存在风险	风险等级	应对措施
大类	小类				
监盘和调整业务不当	调整误操作	未按调度令操作导致误操作	与调度联系时未能明确调度令内容	一般	（1）联系调度业务、发布及回复调度指（命）令时，双方必须互报单位、姓名，使用统一规范的调度用语，并全部录音。值守人员接受值班调度员的调度指（命）令时，应作书面记录，重复指（命）令，核对无误，经值班调度员允许后方可执行；执行完毕应立即向值班调度员回复该指（命）令 （2）值守人员不得无故拒绝或延误执行值班调度员的调度指（命）令。若认为所接受的指（命）令不正确（或有疑义），应立即向发令人报告，由其决定该指（命）令的执行或撤消，如果发令人重复该指（命）令，受令人必须迅速执行；但当执行该指（命）令确将危及人身、设备或电网的安全时，受令人必须拒绝执行，并将拒绝执行的理由报告发令人和本单位直接领导
			调整操作时发生误操作	一般	（1）值守人员接受值班调度员的调度指（命）令时，应作书面记录，重复指（命）令，核对无误，经值班调度员允许后方可执行。 （2）执行调度指令前，应仔细检查所选择机组画面是否正确，确认之后方可执行

（三）运行日志记录

1．运行日志记录通用注意事项

（1）值守人员应执行公司档案管理相关制度，做好值守记录，原则上经办、知晓的各级命令、指示、信息等均应做好记录，包含但不限于以下内容：

1）调度命令和上级指示；

2）机组启、停操作及工况转换操作；

3）值守人员执行的设备倒闸操作；

4）当日运行方式及主设备状态变更情况；

5）设备缺陷和异常；

6）危险点分析和预控；

7）设备异常、事故现象与处理经过；

8）电网服务；

9）当日机端电量、上网电量、厂用电量及上、下库水位；

10）运维负责人等告知的事项。

（2）值守当班期间发生的任何事件必须如实、全面、及时记录运行日志，纸质和暂未关闭的其他系统只能作为辅助记录。

（3）所有记录操作录入时间原则上应在发生时间60min内完成。

2. 运行日志记录风险辨识

运行日志记录风险辨识见表2-3。

表2-3 运行日志记录风险辨识

分类		危险源	存在风险	风险等级	应对措施
大类	小类				
运行日志记录不当	运行日志记录超时	运行日志记录超时导致记录不全	人员工作不严谨	一般	严肃值班纪律，值守人员按照要求于60min内将相关内容登记在生产管理系统中运行日志模块中
	运行日志记录内容不全	运行日志记录不全导致交班不清楚	人员工作不严谨	一般	运行日志记录内容应按照相关管理手册要求记录，按时记录、不可遗漏

（四）调度业务联系

1. 调度业务联系通用注意事项

调度业务联系工作负责人应是本厂中级运维专责及以上岗位人员。

（1）按照并网调度协议、购售电合同、电站所属网、省公司电网调度规程、电力监管部门的有关规程标准和电站现场规程制度组织运行工作，严格执行调度纪律，保证生产调度、指挥系统畅通无阻。

（2）具备调度业务联系的人员，应是经电站所属网、省公司电网调度中心调度业务培训、考试合格并发证的人员。

（3）联系调度业务、发布及回复调度指（命）令时，双方必须互报单位、姓名，使用统一规范的调度用语，并全部录音。值守人员接受值班调度员的调度指（命）令时，应作书面记录，重复指（命）令，核对无误，经值班调度员允许后方可执行；执行完毕应立即向值班调度员回复该指（命）令。

（4）严格服从电力调度机构指挥，并迅速、准确执行调度指令，不得以任何借口拒绝或拖延执行。

（5）值守人员应考虑抽水蓄能机组双向旋转、工况频繁转换等运行特点，对《抽水蓄能电站调度运行导则》（试行）中提及的以下技术特性和运行要求，与调度做好沟通。

1）机组在抽水启动过渡阶段，不宜在调相工况长时间运行；

2）不宜直接在发电工况和抽水工况间转换运行；

3）不宜采用机组空载运行作为发电旋转备用；

4）不宜长时间单独调相工况运行；

5）不宜长时间在机组非稳定区运行。

（6）属上级调度机构直接调度管辖范围内的设备，值守人员应严格遵守调度有关操作标准，按照调度指令执行操作；属上级调度机构许可范围内的设备，值守人员操作前应汇报调度机构值班调度员，得到同意后方可进行操作。

（7）严禁约时停送电或将设备停复役。

（8）电站在实施重大反事故预案、电气试验、电气设备操作以及重要检修等涉及电网安全的工作前，应向上级调度机构提出停复役申请，并报新源公司运维检修部备案，经批准后才能实施。

（9）临时检修、消缺等需要机组退出正常备用的工作，应履行必要的申请手续，具体按上级调度机构调度规程要求执行。出现电站运行方式或机组出力受限以及可能影响电网正常运行时，应提前与上级调度沟通，并按商定的方案执行。

2．调度业务联系风险辨识

调度业务联系风险辨识见表2-4。

表2-4　调度业务联系风险辨识

分类		危险源	存在风险	风险等级	应对措施
大类	小类				
违反调度纪律	未如实反映本单位设备状况	人员侥幸心理导致出现隐瞒设备状况	违反调度纪律，对电网造成影响	一般	临时检修、消缺等需要机组退出正常备用的工作，应履行必要的申请手续，具体按上级调度机构调度规程要求执行
			人员业务水平不足	一般	（1）值守人员应为具备中级运维专责或以上资格、具备相应业务水平人员。 （2）监盘期间，应加强对各画面轮番监视，出现不熟悉的报警时应询问有经验的人员或专业人员

续表

分类		危险源	存在风险	风险等级	应对措施
大类	小类				
违反调度纪律	擅自改变本单位设备状况	人员侥幸心理导致出现瞒干状况	违反调度纪律，对电网造成影响	一般	属上级调度机构直接调度管辖范围内的设备，值守人员应严格遵守调度有关操作标准，按照调度指令执行操作；属上级调度机构许可范围内的设备，值守人员操作前应汇报调度机构值班调度员，得到同意后方可进行操作
			调整操作时发生误操作	一般	（1）值守人员接受值班调度员的调度指（命）令时，应作书面记录，重复指（命）令，核对无误，经值班调度员允许后方可执行。 （2）执行调度指令前，应仔细检查所选择机组画面是否正确，确认之后方可执行
	无故拒绝或拖延执行调度指令	人员调度业务能力不足导致违反调度纪律	违反调度纪律，对电网造成影响	一般	严格服从电力调度机构指挥，并迅速、准确执行调度指令，不得以任何借口拒绝或拖延执行

四、事故案例分析

［案例1］ 电缆耐压试验过程中，试验电缆未充分放电即更换试验引线，造成人身触电

1. 事故经过

某供电公司检修工区试验班在110kV××变电站进行出线电缆耐压试验。本次的工作负责人为李××，工作人员为张××、

王 ×× 。在试验过程中，需要更换试验引线，试验人员张 ×× 未将试验电缆进行充分放电即更换试验引线，造成人身触电。

2. 原因分析

（1）工作负责人违反《安规》“工作负责人专责监护人应始终在工作现场，对工作班人员的安全认真监护，及时纠正不安全行为”的要求。

（2）工作班成员违反《安规》“变更接线或试验结束时，应首先断开试验电源、放电，并将升压设备的高压部分放电、短路接地”的要求。

[案例 2] 检修工作中，停电范围不清楚，打开带电开关柜门，导致电弧灼伤

1. 事故经过

某日，某供电公司对某 220kV 变电站 #1 站用变压器及 #1 站用变压器 316 断路器、316 断路器电缆、316 保护仪表进行预试检验工作。10 时 10 分，运行值班人员对检修设备执行停电、接地等安全措施后，会同工作负责人熊 ×× 到现场办理工作许可手续（现场已将 316 开关柜前、后的下层柜门打开，工作票上已经注明“3161 隔离开关靠 10kV 母线侧带 10kV 电压”）。10 时 24 分，控制室喇叭响，警铃响，#1 主变压器 310、308、314 断路器跳闸。经现场检查，发现周 ××、熊 ×× 被电弧烧伤。

事后调查得知：当天工作负责人熊 ×× 未召开开工会。在对 316 断路器进行检修时，工作负责人熊 ×× 和工作班成员周 ×× 共同将有电的 XGN9-10-041 型开关柜上层柜门打开（上层柜门上

未悬挂“止步，高压危险！”标示牌），周 ×× 进入 10kV 带电母线及 3161 隔离开关柜内时导致放电。

2．原因分析

（1）工作负责人对当天工作的停电范围不清楚，没有弄清楚带电部位。尽管工作许可人在工作票上注明：“3161 隔离开关靠 10kV 母线侧带 10kV 电压”，但工作负责人熊 ×× 不清楚开关柜的上层柜为带电的 10kV 母线柜。

（2）现场布置的安全措施不完善。上层柜门上未悬挂“止步，高压危险！”标示牌。

（3）工作负责人（工作监护人）熊 ×× 没有将工作票上注明的“3161 隔离开关靠 10kV 母线侧带 10kV 电压”这一危险点向周 ×× 告知。

（4）工作班成员周 ×× 在不明确工作内容、工作流程、安全措施以及工作中的危险点的情况下就盲目参加工作。

（5）开关柜“五防”闭锁不完善。在母线带电的情况下，上层柜门没有被可靠闭锁。

第二节 电气设备检修维护安全技能

一、在电气设备上工作的组织措施

中级运维应全面掌握在电气设备上进行工作时的组织措施，包括现场勘查制度、工作票制度、工作许可制度、工作监护制度、工作间断、转移和终结制度，掌握在各种电气设备上工作时不同工作票的使用方法，掌握工作负责人、安全监护人的相关职责。

（一）现场勘查制度

变电检修（施工）作业，工作票签发人或工作负责人认为有必要现场勘察的，检修（施工）单位应根据工作任务组织现场勘察，并填写现场勘察记录。现场勘察由工作票签发人或工作负责人组织。

（二）工作票的使用

1. 填用第一种工作票的工作

（1）高压设备上工作需要全部停电或部分停电者。

（2）二次系统和照明等回路上的工作，需要将高压设备停电者或做安全措施者。

（3）高压电力电缆需停电的工作。

（4）其他工作需要将高压设备停电或要做安全措施者。

2. 填用第二种工作票的工作

（1）控制盘和低压配电盘、配电箱、电源干线上的工作。

（2）二次系统和照明等回路上的工作，无需将高压设备停电者或做安全措施者。

（3）转动中的发电机、同期调相机的励磁回路或高压电动机转子电阻回路上的工作。

（4）非运维人员用绝缘棒、核相器和电压互感器定相或用钳型电流表测量高压回路的电流。

（5）表 1-1 中“设备不停电时的安全距离”的相关场所和带电设备外壳上的工作以及无可能触及带电设备导电部分的工作。

（6）高压电力电缆不需停电的工作。

（三）工作许可制度

（1）工作票许可时，工作负责人应同工作许可人到现场检查所做的安全措施，对具体的设备指明实际的隔离措施，证明检修设备确无电压；根据工作许可人的指示，明确带电设备的位置和注意事项；和工作许可人在工作票上分别确认、签名。

（2）运维人员不得变更有关检修设备的运行接线方式。工作负责人、工作许可人任何一方不得擅自变更安全措施，工作中如有特殊情况需要变更时，应先取得对方的同意并及时恢复。变更情况及时记录在值班日志内。

（3）第二种工作票可采取电话许可方式，但应录音，并各自做好记录。采取电话许可的工作票，工作所需安全措施可由工作人员自行布置，工作结束后应汇报工作许可人。

（四）工作监护制度

（1）工作许可手续完成后，工作负责人、专责监护人应向工作班成员交待工作内容、人员分工、带电部位和现场安全措施，进行危险点告知，并履行确认手续，工作班方可开始工作。工作负责人、专责监护人应始终在工作现场，对工作班人员的安全认真监护，及时纠正不安全的行为。

（2）所有工作人员（包括工作负责人）不许单独进入、逗留在高压室、阀厅内和室外高压设备区内。

若工作需要（如测量极性、回路导通试验、光纤回路检查等），而且现场设备允许时，可以准许工作班中有实际经验的一个人或几人同时在他室进行工作，但工作负责人应在事前将有关安全注意事项予以详尽的告知。

（3）工作负责人、专责监护人应始终在工作现场。

工作票签发人或工作负责人，应根据现场的安全条件、施工范围、工作需要等具体情况，增设专责监护人和确定被监护的人员。

专责监护人不得兼做其他工作。专责监护人临时离开时，应通知被监护人员停止工作或离开工作现场，待专责监护人回来后方可恢复工作。若专责监护人必须长时间离开工作现场时，应由工作负责人变更专责监护人，履行变更手续，并告知全体被监护人员。

工作负责人在全部停电时，可以参加工作班工作。在部分停电时，只有在安全措施可靠，人员集中在一个工作地点，不致误碰有电部分的情况下，方能参加工作。

（4）工作期间，工作负责人若因故暂时离开工作现场时，应指定能胜任的人员临时代替，离开前应将工作现场交待清楚，并告知工作班成员。原工作负责人返回工作现场时，也应履行同样的交接手续。

若工作负责人必须长时间离开工作现场时，应由原工作票签发人变更工作负责人，履行变更手续，并告知全体作业人员及工作许可人。原、现工作负责人应做好必要的交接。

（五）工作间断、转移和终结制度

（1）工作间断时，工作班人员应从工作现场撤出。每日收工，应清扫工作地点，开放已封闭的通道，并电话告知工作许可人。若工作间断后所有安全措施和接线方式保持不变，工作票可由工作负责人执存。次日复工时，工作负责人应电话告知工作许可人，并重新认真检查确认安全措施是否符合工作票要求。间断后继续工作，若无工作负责人或专责监护人带领，作业人员不得进入工作地点。

（2）在未办理工作票终结手续以前，任何人员不准将停电设备合闸送电。

在工作间断期间，若有紧急需要，运维人员可在工作票未交回的情况下合闸送电，但应先通知工作负责人，在得到工作班全体人员已经离开工作地点、可以送电的答复后方可执行，并应采取下列措施：拆除临时遮栏、接地线和标示牌，恢复常设遮栏，换挂“止步，高压危险！”的标示牌；应在所有道路派专人守候，以便告诉工作班人员“设备已经合闸送电，不得继续工作”。守候人员在工作票未交回以前，不得离开守候地点。

（3）检修工作结束以前，若需将设备试加工作电压，应按下列条件进行：全体作业人员撤离工作地点；将该系统的所有工作票收回，拆除临时遮栏、接地线和标示牌，恢复常设遮栏；应在工作负责人和运维人员进行全面检查无误后，由运维人员进行加压试验。

工作班若需继续工作时，应重新履行工作许可手续。

（4）在同一电气连接部分用同一张工作票依次在几个工作地点转移工作时，全部安全措施由运维人员在开工前一次做完，不需再办理转移手续。但工作负责人在转移工作地点时，应向作业人员交待带电范围、安全措施和注意事项。

（5）全部工作完毕后，工作班应清扫、整理现场。工作负责人应先周密地检查，待全体作业人员撤离工作地点后，再向运维人员交待所修项目、发现的问题、试验结果和存在问题等，并与运维人员共同检查设备状况、状态，有无遗留物件，是否清洁等，然后在工作票上填明工作结束时间。经双方签名后，表示工作终结。

待工作票上的临时遮栏已拆除，标示牌已取下，已恢复常设遮栏，未拆除的接地线、未拉开的接地开关（装置）等设备运行方式已汇报调控人员，工作票方告终结。

（6）只有在同一停电系统的所有工作票都已终结，并得到值班调控人员或运维负责人的许可指令后，方可合闸送电。

（7）已终结的工作票、事故紧急抢修单应保存1年。

（六）专责监护人、工作负责人的基本条件

（1）专责监护人应是具有相关工作经验，熟悉设备情况和本部分的人员。

（2）工作负责人（监护人）应是具有相关工作经验，熟悉设备情况和本部分，经车间（工区、公司、中心）生产领导书面批准的人员。工作负责人还应熟悉工作班成员的工作能力。

（3）工作票签发人应是熟悉人员技术水平、熟悉设备情况、熟悉本部分，并具有相关工作经验的生产领导人、技术人员或经本单位分管生产领导批准的人员。工作票签发人员名单应书面公布。

（七）工作负责人、专责监护人的安全责任

1. 工作负责人（监护人）的安全责任

（1）正确组织工作。

（2）负责检查工作票所列安全措施是否正确完备，是否符合现场实际条件，必要时予以补充完善。

（3）工作前，对工作班成员进行工作任务、安全措施、技术措施交底和危险点告知，并确认每个工作班成员都已签名。

（4）严格执行工作票所列安全措施。

（5）督促工作班成员遵守《安规》，正确使用劳动防护用品和安全工器具以及执行现场安全措施。

（6）关注工作班成员身体状况和精神状态是否出现异常迹象，人员变动是否合适。

2．专责监护人的安全责任

（1）确认被监护人员和监护范围。

（2）工作前，对被监护人员交待监护范围内的安全措施、告知危险点和安全注意事项。

（3）监督被监护人员遵守《安规》和现场安全措施，及时纠正被监护人员的不安全行为。

二、在电气设备上工作的技术措施

在电气设备上工作，保证安全的技术措施包括停电、验电、接地和悬挂标示牌。中级运维应全面掌握工作中需要停电的设备、各种验电方法、装设接地线的方法和悬挂标示牌的方法。具体内容见初级运维专责章节中的相关内容。

三、在电气设备上工作的安全技能

中级运维专责除应熟悉初级运维专责所具备的电气设备安全知

识外，还应掌握电气设备维护、小修以及电气试验的安全技能，了解电气设备大修的安全技能。

（一）通用安全技能

（1）工作前应确认相关设备已做好隔离措施。

（2）工作前先验明无电压。

（3）工作现场应配备临时、安全照明灯具，确保照明充足。

（4）作业区域应采取通风防尘措施。

（5）应对打开的沟、孔、洞立即铺设防滑盖板，设置围栏、悬挂警示牌。

（6）检查与检修维护有关的构架、梯子、平台是否牢固。

（7）加强对人员进入区域携带的工具、材料、物资登记和离开区域的核查。

（8）涉及大型配件搬运时，应有相关防摔伤或砸伤的措施，电气设备电源线应有良好的防挤、防压等相关措施。

（9）现场工作需使用氮气时，应按照氮气使用相关规定，如周围空间相对密闭，使用氮气时房间内应做好通风，并检测氧气浓度不低于 18%。

（10）设备拆装过程中，应做好掉落碰撞措施。

（11）所有检修用的电气设备的金属外壳均有良好的接地装置，工作中不准对其进行任何破坏或者拆除。

（12）检修电源的使用应符合《安规》和《新源公司临时用电管理手册》的要求。

（13）检查维护前应做好相关部件、元器件特别是航空插头、操作机构的防护措施，维护完毕后应检查并回装完好。

（二）进行与绝缘油有关的工作

（1）进行滤油工作前，应检查滤油设备是否检验合格、检验是否有效，对不合格的或检验超期的应封存使用。

（2）油处理设备除了合格标识外，还应检查电机轴承等有无磨损等可能的金属粉尘混入油中的可能。

（3）连接的管道使用前应检查是否清洗干净，密封良好。

（4）作业前应铺设吸附材料，采取安全措施避免应油渗漏引起的跌滑。

（5）现场配备的电气设备（照明、通风）应采用防爆型，其电源应从附近的专用防爆接头从附近的配电箱接取。

（6）进入现场人员禁止携带打火机和火柴等。

（7）进入现场应着装连体服，穿防滑鞋，对携带工具、材料、物资逐一进行出入登记和核查。

（8）对沾有或吸附有油的废弃物应集中、安全处置。

（9）放气孔宜接入干燥空气装置，以防潮气侵入。

（10）检查清扫油罐、油桶、管路、滤油机、油泵等应保持清洁干燥，无灰尘杂质和水分。

（三）进行与六氟化硫（SF_6）有关的工作

（1）工作人员进入 SF_6 配电装置室，入口处若无 SF_6 气体含量显示器，应先通风 15min，并用检漏仪测量 SF_6 气体含量合格。尽量避免一人进入 SF_6 配电装置室进行巡视，不准一人进入从事检修工作。

（2）工作人员不准在 SF_6 设备防爆膜附近停留。若在巡视中发现异常情况，应立即报告，查明原因，采取有效措施进行处理。

（3）进入 SF_6 配电装置低位区或电缆沟进行工作应先检测含氧

量（不低于18%）和SF_6气体含量是否合格。

（4）在打开的SF_6电气设备上工作的人员，应经专门的安全技术知识培训，配置和使用必要的安全防护用具。

（5）设备解体检修前，应对SF_6气体进行检验。根据有毒气体的含量，采取安全防护措施。检修人员需穿着防护服并根据需要佩戴防毒面具或正压式空气呼吸器。打开设备封盖后，现场所有人员应暂离现场30min。取出吸附剂和清除粉尘时，检修人员应戴防毒面具或正压式空气呼吸器和防护手套。

（6）设备内的SF_6气体不准向大气排放，应采取净化装置回收，经处理检测合格后方准再使用。回收时作业人员应站在上风侧。

（7）设备抽真空后，用高纯度氮气冲洗3次［压力为9.8×104Pa（1个标准大气压）］。将清出的吸附剂、金属粉末等废物放入20%氢氧化钠水溶液中浸泡12h后深埋。

（8）从SF_6气体钢瓶引出气体时，应使用减压阀降压。当瓶内压力降至9.8×104Pa（1个标准大气压）时，即停止引出气体，并关紧气瓶阀门，盖上瓶帽。

（9）SF_6配电装置发生大量泄漏等紧急情况时，人员应迅速撤出现场，开启所有排风机进行排风。未佩戴防毒面具或正压式空气呼吸器人员禁止入内。只有经过充分的自然排风或强制排风，并用检漏仪测量SF_6气体合格，用仪器检测含氧量（不低于18%）合格后，人员才准进入。发生设备防爆膜破裂时，应停电处理，并用汽油或丙酮擦拭干净。

（10）进行气体采样和处理一般渗漏时，要戴防毒面具或正压式空气呼吸器并进行通风。

（11）SF_6断路器（开关）进行操作时，禁止检修人员在其外壳上进行工作。

（12）检修结束后，检修人员应洗澡，把用过的工器具、防护用具清洗干净。

（13）SF_6气瓶应放置在阴凉干燥、通风良好、敞开的专门场所，直立保存，并应远离热源和油污的地方，防潮、防阳光暴晒，并不得有水分或油污黏在阀门上。搬运时，应轻装轻卸。

（四）高压设备上的工作

（1）需要全部停电或部分停电的高压设备上工作，应填用第一种工作票。

（2）在高压设备上工作，应至少由两人进行，并完成保证安全的组织措施和技术措施。

（3）在高压强电场设备区工作时，工作前应做好感应电触电防范措施。用绝缘绳索传递金属物品时，工作人员应将金属物品先接地再接触，以防感应触电。

（4）母线保护在投入运行前，除测定相回路和差回路外，还应测量各中性线的不平衡电流、电压，以保证保护装置和二次回路接线的正确性。电压互感器、电流互感器异常时，应做好防止保护误动措施。

（5）涉及电网调度范围内一次设备倒闸操作时，相应的保护装置投退按电网调度要求执行，停役设备区域的差动保护电流互感器在保护不停运时，应在差动保护盘柜内将电流互感器二次回路可靠隔离。

（五）低压设备上的工作

（1）低压配电盘、配电箱和电源干线上的工作，应填用第二种工作票。在低压电动机和在不可能触及高压设备、二次系统的照明回路上工作可不填用工作票，但应做好相应记录，该工作至少由两人进行。

（2）低压回路停电的安全措施：

1）将检修设备的各方面电源断开取下熔断器，在开关或刀闸操作把手上挂“禁止合闸，有人工作！”的标示牌。

2）工作前应验电。

3）根据需要采取其他安全措施。

（3）停电更换熔断器后，恢复操作时，应戴手套和护目眼镜。

（4）低压工作时，应防止相间或接地短路：应采用有效措施遮蔽有电部分，若无法采取遮蔽措施时，则将影响作业的有电设备停电。

（六）二次系统上的工作

（1）应填用第一种工作票的工作：

1）在高压室遮栏内或与导电部分小于《安规》规定的安全距离进行继电保护、安全自动装置和仪表等及其二次回路的检查试验时，需将高压设备停电者。

2）在高压设备继电保护、安全自动装置和仪表、自动化监控系统等及其二次回路上工作需将高压设备停电或做安全措施者。

3）通信系统同继电保护、安全自动装置等复用通道（包括载波、微波、光纤通道等）的检修、联动试验需将高压设备停电或做安全措施者。

4）在经继电保护出口跳闸的发电机组热工保护、水车保护及其相关回路上工作需将高压设备停电或做安全措施者。

（2）应填用第二种工作票的工作：

1）继电保护装置、安全自动装置、自动化监控系统在运行中改变装置原有定值时不影响一次设备正常运行的工作。

2）对于连接电流互感器或电压互感器二次绕组并装在屏柜上的继电保护、安全自动装置上的工作，可以不停用所保护的高压设备或不需做安全措施者。

3）在继电保护、安全自动装置、自动化监控系统等及其二次回路，以及在通信复用通道设备上检修及试验工作，可以不停用高压设备或不需做安全措施者。

4）在经继电保护出口的发电机组热工保护、水车保护及其相关回路上工作，可以不停用高压设备的或不需做安全措施者。

（3）检修中遇有下列情况应填用二次工作安全措施票：

1）在运行设备的二次回路上进行拆、接线工作。

2）在对检修设备执行隔离措施时，需拆断、短接和恢复同运行设备有联系的二次回路工作。

（4）二次工作安全措施票执行：

1）二次工作安全措施票的工作内容及安全措施内容由工作负责人填写，由技术人员或班长审核并签发。

2）监护人由技术水平较高及有经验的人担任，执行人、恢复人由工作班成员担任，按二次工作安全措施票的顺序进行。

3）上述工作至少由两人进行。

（5）检查线路板上插拔元器件的管脚或插头连接处灰尘、污垢，应用压缩空气（压力不能太大）或真空吸尘器对其进行清洁，切勿使用任何溶剂清洁剂。

（6）工作结束后，按“二次工作安全措施票”逐项恢复同运行设备有关的接线，拆除临时接线，检查装置内无异物，屏面信号及各种装置状态正常，各相关压板及切换开关位置恢复至工作许可时的状态。二次工作安全措施票应随工作票归档保存1年。

（七）电气试验

（1）高压试验应填用第一种工作票。

1）在同一电气连接部分，高压试验工作票发出时，应先将已发出的检修工作票收回，禁止再发出第二张工作票。如果试验过程中，需要检修配合，应将检修人员填写在高压试验工作票中。

2）在一个电气连接部分同时有检修和试验时，可填用一张工作票，但在试验前应得到检修工作负责人的许可。

3）如加压部分与检修部分之间的断开点，按试验电压有足够的安全距离，并在另一侧有接地短路线时，可在断开点的一侧进行试验，另一侧可继续工作。但此时在断开点应挂有“止步，高压危险！”的标示牌，并设专人监护。

（2）高压试验工作不得少于两人。试验负责人应由有经验的人员担任，开始试验前，试验负责人应向全体试验人员详细布置试验中的安全注意事项，交待邻近间隔的带电部位，以及其他安全注意事项。

（3）因试验需要断开设备接头时，拆前应做好标记，接后应进行检查。

（4）试验装置的金属外壳应可靠接地。高压引线应尽量缩短，并采用专用的高压试验线，必要时用绝缘物支持牢固。

1）试验装置的电源开关，应使用明显断开的双极隔离开关。为了防止误合隔离开关，可在刀刃上加绝缘罩。

2）试验装置的低压回路中应有两个串联电源开关，并加装过载自动跳闸装置。

（5）试验现场应装设遮栏或围栏，遮栏或围栏与试验设备高压部分应有足够的安全距离，向外悬挂“止步，高压危险！”的标示牌，并派人看守。被试设备两端不在同一地点时，另一端还应派人看守。

（6）加压前应认真检查试验接线，使用规范的短路线，表计倍率、量程、调压器零位及仪表的开始状态均正确无误，经确认后，通知所有人员离开被试设备，并取得试验负责人许可，方可加压。加压过程中应有人监护并呼唱。

（7）高压试验工作人员在全部加压过程中，应精力集中，随时警戒异常现象发生，操作人应站在绝缘垫上。

（8）变更接线或试验结束时，应首先断开试验电源、放电，并将升压设备的高压部分放电、短路接地。

（9）未装接地线的大电容被试设备，应先行放电再做试验。高压直流试验时，每告一段落或试验结束时，应将设备对地放电数次并短路接地。

（10）试验结束时，试验人员应拆除自装的接地短路线，并对被试设备进行检查，恢复试验前的状态，经试验负责人复查后，进行现场清理。

（11）开关站发现有系统接地故障时，禁止进行接地网接地电阻的测量。

（12）测量电容器极间绝缘电阻前，一定要对两级充分放电，以免残余电荷损坏仪表及危及人身安全。

（13）同杆双回路架空线，一回带电时，不得测量另一回路的绝缘电阻，以防感应电压损坏绝缘电阻表及危及人身安全。

（14）特殊的重要电气试验，应有详细的安全措施，并经单位分管生产的领导（总工程师）批准。

（15）使用携带型仪器的测量工作：

1）使用携带型仪器在高压回路上进行工作，至少由两人进行。需要高压设备停电或做安全措施的，应填用第一种工作票。

2）除使用特殊仪器外，所有使用携带型仪器的测量工作，均应在电流互感器和电压互感器的二次侧进行。

3）电流表、电流互感器及其他测量仪表的接线和拆卸，需要断开高压回路者，应将此回路所连接的设备和仪器全部停电后，始能进行。

4）电压表、携带型电压互感器和其他高压测量仪器的接线和拆卸无需断开高压回路者，可以带电工作。但应使用耐高压的绝缘导线，导线长度应尽可能缩短，不准有接头，并应连接牢固，以防接地和短路。必要时用绝缘物加以固定。

5）使用电压互感器进行工作时，应先将低压侧所有接线接好，然后用绝缘工具将电压互感器接到高压侧。工作时应戴手套和护目眼镜，站在绝缘垫上，并应有专人监护。

6）连接电流回路的导线截面，应适合所测电流数值。连接电压回路的导线截面不得小于 1.5mm^2。

7）非金属外壳的仪器，应与地绝缘，金属外壳的仪器和变压器外壳应接地。

8）测量用装置必要时应设遮栏或围栏，并悬挂“止步，高压危险!”的标示牌。仪器的布置应使工作人员距带电部位不小于《安规》规定的安全距离。

（16）使用钳型电流表的测量工作：

1）在高压回路上测量时，禁止用导线从钳型电流表另接表计测量。

2）测量时若需拆除遮栏，应在拆除遮栏后立即进行。工作结束，应立即将遮栏恢复原状。

3）使用钳型电流表时，应注意钳型电流表的电压等级。测量时戴绝缘手套，站在绝缘垫上，不得触及其他设备，以防短路或接地。观测表计时，要特别注意保持头部与带电部分的安全距离。

4）测量低压熔断器和水平排列低压母线电流时，测量前应将各相熔断器和母线用绝缘材料加以包护隔离，以免引起相间短路，同时应注意不得触及其他带电部分。

5）在测量高压电缆各相电流时，电缆头线间距离应在 300mm 以上，且绝缘良好，测量方便者，方可进行。当有一相接地时，禁止测量。

6）钳型电流表应保存在干燥的室内，使用前要擦拭干净。

（17）使用绝缘电阻表测量绝缘的工作：

1）使用绝缘电阻表测量高压设备绝缘，应由两人进行。

2）测量用的导线，应使用相应的绝缘导线，其端部应有绝缘套。

3）测量绝缘时，应将被测设备从各方面断开，验明无电压，确实证明设备无人工作后，方可进行。在测量中禁止他人接近被测设备。在测量绝缘前后，应将被测设备对地放电。测量线路绝缘时，应取得许可并通知对侧后方可进行。

4）在有感应电压的线路上测量绝缘时，应将相关线路同时停电，方可进行。雷电时，禁止测量线路绝缘。

5）在带电设备附近测量绝缘电阻时，测量人员和绝缘电阻表安放位置，应选择适当，保持安全距离，以免绝缘电阻表引线或引线支持物触碰带电部分。移动引线时，应注意监护，防止工作人员触电。

四、事故案例分析

[案例] 雷击断线，导致人员伤亡

1. 事故经过

2013 年 6 月 22 日 16 时 57 分，某 35kV 变电站 10kV 马衙 113 线发生单相接地故障。该变电站立即通知日常运维单位查线。17 时 40 分，变电站所长刘 ×、配电班长朱 ×× 安排两组人员故障

查线，18 时 35 分，第一组发现四岱岭支线接地故障点并隔离，试送 113 线 1-49 号段正常，随后试送 49 号杆柱上断路器，之后，第一组通知第二组赵 ×（死者）巡线结束。第二组赵 ×（死者）、姜 ××（死者）返回时，在 113 线南星支线 16 号杆附近发生雷击断线，两人不幸意外触电死亡。

2. 吸取教训

（1）加强故障巡线、应急抢修工作组织管理，坚持安全第一，确保员工人身安全。

（2）严格执行《安规》，严格落实恶劣天气下巡线、抢修、施工作业的人身安全防护措施，做好防范暴雨洪水、泥石流、雷击等自然灾害的防灾避险工作。

第三节　机械设备检修维护安全技能

一、在机械设备上工作的组织措施

在机械设备上检修维护工作的组织措施包括现场勘察制度、工作票制度、工作许可制度、工作监护制度、工作间断、试运和终结制度、动火工作票制度。中级运维人员应熟练掌握工作票签发人、工作票负责人（许可人）职责，合理安排专责监护人和被监护的人员，掌握现场勘察制度，工作间断、试运和终结制度的相关要求。

（一）工作票制度

1．工作票的使用

（1）一个工作负责人不能同时执行多张工作票。工作票所列的工作地点以工作票上安全措施范围为限。开工前工作票内的全部安全措施应一次完成。在同一设备系统上依次进行同类型的设备检修工作，允许使用一张工作票。

（2）在同一设备系统、同一安全措施范围内有多个班组同时进行工作时，可以发给总的负责人一张工作票，但要详细填明主要工作内容。在工作班成员栏内，只填明各班负责人，不必填写全部作业人员名单。

（3）大修（A、B 级）、小修（C、D 级）或其他安全措施项目较多的检修工作，可以结合本单位情况，制订固定项目的安全措施附页。

（4）机组检修后整组调试应办理工作票，工作负责人由整组调试负责人担当，工作票中应明确调试区域，并有防止误入间隔、误操作等安全注意事项。

（5）在不同地点、不同设备系统依次进行同类型的检修工作时，如全部安全措施能在工作开始前依次完成，可以使用一张工作票。

（6）检修工作结束前，如遇到下列情况，应重新签发工作票，并重新履行工作许可手续：

1）部分检修设备加入运行时。

2）必须改变检修与运行设备隔断方式或需变更、增设安全措施者。

3）检修工作延期一次后仍不能完成，需要继续延期者。

（7）工作票有破损不能继续使用时，应补填新的工作票，并重新履行签发许可手续。

（8）计划性检修或安全措施项目较多（或复杂）的水力机械工作票一般应在工作前一日送达运行人员，可直接送达或通过传真、局域网传送，但传真传送的工作票许可应待正式工作票送达后履行。其他水力机械工作可在进行工作的当天预先交给工作许可人。临时工作可在工作开始前直接交给工作许可人。水力自控工作票可在进行工作的当天预先交给工作许可人。

（9）需要变更工作班成员时，应经工作负责人同意，在对新的作业人员进行安全交底手续后，方可进行工作。

（10）非特殊情况不得变更工作负责人，若确需变更工作负责人时，应由原工作票签发人同意并通知工作许可人，工作许可人将变动情况记录在工作票上。非连续工作的工作负责人允许变更一次。原、现工作负责人应对工作任务和安全措施进行交接。

（11）在原工作票的安全措施范围内增加工作任务时，应由工作负责人征得工作票签发人和工作许可人同意，并在工作票的工作任务栏中增填工作项目。若需变更或增设安全措施者应填用新的工作票，并重新履行签发许可手续。

（12）变更工作负责人或增加工作任务时，如工作票签发人无法当面办理，应通过电话联系，并在工作票登记簿和工作票上注明。

（13）在危及人身和设备安全的紧急情况下，经运行负责人（值长）许可后，可以不办理工作票即进行临时应急处置，但必须将所采取的安全措施和事件原因记入运行日志中。在危机解除后，应按照本部分要求办理相应类型的工作票。

（14）工作票的有效期与延期：

1）工作票的有效时间，以批准的检修期为限。

2）水力机械工作票需办理延期手续，应在批准的检修期限前，由工作负责人向运行值班负责人提出申请（属于调控中心管辖、许可的检修设备，还应通过值班调控人员批准），由运行值班负责人通知工作许可人给予办理。水力机械工作票只能延期一次。

2. 工作负责人（专责监护人）的基本条件及安全职责

（1）工作负责人（专责监护人）的基本条件：

1）工作负责人（专责监护人）应是具有相关工作经验，熟悉设备情况、工作班人员工作能力，经部门（车间）批准的人员。

2）公司系统内的集中检修或协作检修单位需要到设备运维管理单位担任工作票签发人、工作负责人时，除应掌握检修设备的情况（如结构、缺陷内容等）和与检修设备有关系的系统，还应持本单位考试合格、批准担任工作票签发人或工作负责人的书面证明。非公司系统的工作票签发人、工作负责人需经设备运维管理单位安全考试合格。

3）专责监护人应是具有相关工作经验，熟悉设备情况和本部分的人员。

（2）工作负责人（专责监护人）的安全职责：

1）正确组织工作。

2）检查工作票所列安全措施是否正确完备，是否符合现场实际条件，必要时予以补充完善。

3）工作前，对工作班成员进行工作任务、安全措施、技术措施交底和危险点告知，并确认每个工作班成员都已签名。

4）严格执行工作票所列安全措施。

5）督促工作班成员遵守安全规程，正确使用劳动防护用品和安全工器具以及执行现场安全措施。

6）关注工作班成员身体状况和精神状态是否出现异常迹象，人员变动是否合适。

（3）专责监护人的安全职责：

1）确认被监护人员和监护范围。

2）工作前，对被监护人员交待监护范围内的安全措施、告知危险点和安全注意事项。

3）监督被监护人员遵守现场安全措施，及时纠正被监护人员的不安全行为。

3．工作票签发人基本条件及安全职责

（1）工作票签发人应具备的基本条件：工作票签发人应是熟悉人员技术水平、设备情况和安全规程，并具有相关工作经验的生产领导人、技术人员或经本单位批准的人员。工作票签发人员名单应公布。

（2）工作票签发人安全职责：

1）确认工作必要性和安全性。

2）确认工作票上所填安全措施是否正确完备。

3）确认所派工作负责人和工作班人员是否适当和充足。

（二）工作许可制度

（1）工作票许可时，工作负责人应同工作许可人到现场检查所

做的安全措施，对具体的设备指明实际的隔离措施，证明检修设备确无电压；根据工作许可人的指示，明确带电设备的位置和注意事项；和工作许可人在工作票上分别确认、签名。

（2）运维人员不得变更有关检修设备的运行接线方式。工作负责人、工作许可人任何一方不得擅自变更安全措施，工作中如有特殊情况需要变更时，应先取得对方的同意并及时恢复。变更情况及时记录在值班日志内。

（3）工作许可人基本条件及安全职责：详见本章第一节相关内容。

（三）工作监护制度

（1）工作许可手续完成后，工作负责人、专责监护人应向工作班成员交待工作内容、人员分工、危险部位和现场安全措施，进行危险点告知，并履行确认手续，工作班方可开始工作。多班组工作时，由总工作负责人向各班组负责人交代，再由班组负责人向各自工作班成员交代。工作负责人、专责监护人应始终在工作现场，对工作班成员的安全认真监护，及时纠正不安全的行为。

（2）工作票签发人或工作负责人，应根据现场的安全条件、施工范围、工作需要等具体情况，增设专责监护人和确定被监护的人员。

（3）工作期间，工作负责人若因故暂时离开工作现场时，应指定能胜任的人员临时代替，离开前应将工作现场交待清楚，并告知工作班成员。原工作负责人返回工作现场时，也应履行同样的交接手续。若工作负责人必须长时间离开工作现场时，应由原工作票签发人变更工作负责人，应履行变更手续，并告知全体作业人员及工作许可人。原、现工作负责人应做好必要的交接。

（4）对于连续（或连班）作业的工作，一个工作负责人不能连班负责者，可允许有两个或三个工作负责人相互接替，但应经过工作票签发人批准，并在工作票上注明。工作票应按班交接，各工作负责人应做好工作现场的交接。

（5）专责监护人不得兼做其他工作。专责监护人临时离开时，应通知被监护人员停止工作或离开工作现场，待专责监护人回来后方可恢复工作。若专责监护人必须长时间离开工作现场时，应由工作负责人变更专责监护人，履行变更手续，并告知全体被监护人员。

（四）现场勘察制度

（1）进行水力机械设备和水工作业，工作票签发人或工作负责人认为有必要现场勘察的，检修（施工）单位应根据工作任务进行现场勘察，并按要求填写现场勘察记录。现场勘察由工作票签发人或工作负责人组织。

（2）现场勘察应查看现场检修（施工）作业需要停电泄压的范围、保留的带电带压的部位和作业现场的条件、环境及其他危险点等。

（3）根据现场勘察结果，对危险性、复杂性和困难程度较大的作业项目，应组织编制组织措施、技术措施、安全措施，经本单位分管生产的领导或总工程师批准后执行。

（五）工作间断、试运和终结制度

（1）工作中遇任何威胁到人员和设备安全的情况时，工作负责人或专责监护人应立即停止工作。

（2）工作间断时，工作班成员应从工作现场全部撤出，所有安全措施和设备状态保持不变，工作票仍由工作负责人执存，间断后继续工作，无需通过工作许可人。每日收工前，应清扫工作现场，开放已封闭的通道，工作票仍由工作负责人执存。次日复工时，工作负责人应重新认真检查、确认安全措施是否符合工作票要求，并召开现场站班会后，方可工作。若无工作负责人或专责监护人带领，作业人员不得进入工作地点。

（3）在未办理工作票终结手续以前，任何人员不准将检修设备投入运行。

（4）对需要经过试运检验检修质量后方能交工的工作，或工作中间需要启动检修设备时，如不影响其他工作班组安全措施范围的变动，应按下列条件进行：

1）工作负责人在试运前应将工作班全体人员撤至安全地点，将所持工作票交工作许可人。

2）工作许可人认为可以进行试运时，应将试运设备检修工作票有关安全措施撤除，检查工作班全体人员确已撤出检修现场后，在确认不影响其他作业班组安全的情况下，进行试运。

3）若检修设备试运将影响其他作业班组安全措施范围的变动或其他作业班组人员安全时，只有将所有作业班组全体人员撤离至安全地点，并将该设备系统的所有工作票收回时，方可进行试运。

（5）试运后工作班需继续工作时，应按下列条件进行：

1）工作许可人按工作票要求重新布置安全措施并会同工作负责人重新履行工作许可手续后，工作负责人方可通知作业人员继续进行工作。

2）如工作需要改变原工作票安全措施范围时，应重新签发新的工作票。

（6）全部工作完毕，工作班应清扫、整理现场。工作负责人应先周密地检查，待全体作业人员撤离工作地点后，再向运行人员交待所修项目、发现的问题、试验试运结果和存在的问题等，并与运行人员共同检查设备状况、状态，有无遗留物件，是否清洁等，然后在工作票上填明结束时间，经双方签名后，并加盖“已终结”印章，表示工作终结。

（7）只有在同一停役隔离系统的所有工作票都已终结，并得到运行值班负责人许可指令后，方可进行复役操作。

（8）工作负责人应向工作票签发人汇报工作任务完成情况及存在的问题，并交回所持的一份工作票。

（9）已终结的水力机械工作票、事故紧急抢修单应保存 1 年。

（六）动火工作票制度

（1）在防火重点部位或场所以及禁止明火区动火作业，应填用动火工作票，其方式有下列两种：

1）填用一级动火工作票。

2）填用二级动火工作票。

本教材所指动火作业，是指能直接或间接产生明火的作业，包括熔化焊接、切割、喷枪、喷灯、钻孔、打磨、锤击、破碎、切削等。

（2）在一级动火区动火作业，应填用一级动火工作票。一级动火区，是指火灾危险性很大，发生火灾时后果很严重的部位、场所或设备。在二级动火区动火作业，应填用二级动火工作票。二级动火区，是指一级动火区以外的所有防火重点部位、场所或设备及禁火区。

（3）各单位可参照现场情况划分一级和二级动火区，制定出需要执行一级和二级动火工作票的工作项目一览表，并经本单位批准后执行。

（4）动火工作票不得代替设备停复役手续或检修工作票、事故紧急抢修单，动火工作票备注栏中应注明对应的检修工作票、事故紧急抢修单的编号。

（5）动火工作票的填写与签发：

1）动火工作票应使用黑色或蓝色钢（水）笔、圆珠笔填写与签发，内容应正确、填写应清楚，不得任意涂改。如有个别错、漏字需要修改，应使用规范的符号，字迹应清楚。用计算机生成或打印的动火工作票应使用统一的票面格式，由工作票签发人审核无误，手工或电子签名后方可执行。动火工作票一般至少一式三份，一份由工作负责人收执，一份由动火执行人收执，一份保存在安监部门（或具有消防管理职责的部门，指一级动火工作票）或动火部门（指二级动火工作票）。若动火工作与运行有关，即需要运行人员对设备系统采取隔离、冲洗等防火安全措施者，还应多一份交运行人员收执。

2）一级动火工作票由动火工作票签发人签发，本单位安监部门负责人、消防管理部门负责人审核，本单位分管生产的领导或总工程师批准，必要时还应报当地地方公安消防部门批准。二级动火工作票由动火工作票签发人签发，本单位安监人员、消防人员审核，动火部门负责人或技术负责人批准。

3）动火工作票签发人不得兼任该项工作的工作负责人。动火工作票由动火工作负责人填写。动火工作票的审批人、消防监护人不得签发动火工作票。

4）外单位到生产区域内动火时，动火工作票应由设备运维管理单位签发和审批。也可由外单位和设备运维管理单位实行“双签发”，各自承担相应的安全责任。

（6）动火工作票的有效期：一级动火工作票一般应提前办理。一级动火工作票的有效期为24h，二级动火工作票的有效期为120h。

（7）动火工作票所列人员的基本条件：

1）一、二级动火工作票签发人应是经本单位考试合格并经本单位批准并书面公布的有关部门负责人、技术负责人或经本单位批准的其他人员。

2）动火工作负责人应是具备检修工作负责人资格、经本单位考试合格的人员。

3）动火执行人应具备政府有关部门颁发的有效的合格动火作业证件。

（8）动火工作票所列人员的安全责任。

1）各级审批人员及工作票签发人：

a）工作的必要性。

b）工作的安全性。

c）工作票上所填安全措施是否正确完备。

2）动火工作负责人：

a）正确安全地组织动火工作。

b）负责检修应做的安全措施并使其完善。

c）向有关人员布置动火工作，交待防火安全措施和进行安全教育。

d）始终监督现场动火工作。

e）负责办理动火工作票开工和终结。

f）动火工作间断、终结时检查现场无残留火种。

3）消防监护人：

a）负责动火现场配备必要的、足够的消防设施。

b）负责检查现场消防安全措施的完善和正确。

c）测定或指定专人测定动火部位（现场）可燃气体、易燃液体的可燃蒸气含量或粉尘浓度符合安全要求。

d）始终监视现场动火作业的动态，发现失火及时扑救。

e）动火工作间断、终结时检查现场无残留火种。

4）动火执行人：

a）动火前应收到经审核批准且允许动火的动火工作票。

b）按本工种规定的防火安全要求做好安全措施。

c）全面了解动火工作任务和要求，并在规定的范围内执行动火。

d）动火工作间断、终结时清理并检查现场无残留火种。

（9）已终结的动火工作票至少应保存 1 年。

二、在机械设备上工作的技术措施

中级运维人员应熟练掌握在水力机械设备和水工建筑物上工作保证安全的技术措施，包括停电、隔离、泄压、通风、加锁、悬挂标示牌和装设遮栏（围栏）。具体内容见初级运维专责章节中的相关内容。

三、在机械设备上工作的安全技能

中级运维在全面掌握初级运维所具备的检修安全技能外，还应具备担任日常工作中的工作负责人和专责监护人的能力，能熟练地组织工作，全面的进行工作危险点分析，并做好相应的预控措施。

（一）发电电动机及其辅助设备上的工作

（1）在发电电动机上工作应填用第一种工作票（如需动火，另行填用一级动火工作票）。

（2）钢管无水压或做好防转有关措施，切断检修设备的油、水、气来源，同时切断有关保护装置的交直流电源。

（3）进入内部工作，无关杂物应取出，不得穿有钉子的鞋子入内；进入内部工作的人员及其所携带的工具、材料等应登记，工作结束时要清点，不可遗漏；不得踩踏磁极引出线及定子绕组绝缘盒、连接梁、汇流排等绝缘部件。

（4）在发电机（电动机）内部进行电焊、气割等工作时，应备有消防器材，做好防火措施，并采取防止电焊渣、铁屑掉入发电机内部的措施。

（5）在机坑内进行定子清扫工作时，作业人员应使用合格的清洗剂，有良好的通风，清扫过程中不应有动火作业。

（6）进行定子线圈焊接工作时，焊机外壳应可靠接地，焊机应固定牢固，外接电源应符合工作要求，电缆绝缘良好，作业人员不得触及带电部位。焊接通流过程中不得松开夹钳，以免拉弧伤人或烧毛连接板，工作人员应戴防护眼镜。

（7）在转动着的电机上检查、调整、清扫电刷及滑环时，应由有经验的电工担任，并遵守下列规定：

1）作业人员应特别小心，防止衣服和擦拭材料被机器挂住；应扣紧袖口；发辫应放在帽内；抹布等要叠好，不能缠在手上。

2）调整、清扫电刷时，应戴绝缘手套，穿绝缘鞋或站在绝缘垫上，不能两人同时工作。

3）作业人员不可用手同时接触不同极的导电部分或一手接触导电部分另一手接触接地部分，所用工具应有相当长度的绝缘柄。

4）检查滑环和励磁机时，手电筒不得与带电部分接触，严防手电筒跌落引起短路。

5）在车、磨整流子或滑环时，作业人员应戴护目眼镜。

6）在转动着的发电机（电动机）上测量轴电压或用电压表测量转子绝缘时，应使用专用电刷，电刷上应装有 300mm 以上的绝缘柄。

（二）水泵水轮机及其辅助设备上的工作

（1）水泵水轮机及其辅助设备上的工作应填用水力机械票（如需动火，根据区域另行填用一级或二级动火工作票）。

（2）工作前，工作负责人应检查防止机组转动的措施已齐备，检查油、水、气管路系统已有阀 / 闸门可靠隔断，阀 / 闸门应上锁并挂上“禁止操作　有人工作”安全标志牌。电动阀门还应切断电源，并挂“禁止合闸　有人工作”安全标志牌。检修排水阀已可靠打开并挂上“禁止操作　有人工作”安全标志牌。

（3）进入水轮机（水泵）内部工作时，应采取下列措施：

1）严密关闭进水闸门（或进水阀），排除输水管内积水，并保持输水管道排水阀和蜗壳排水阀全开启，做好隔离水源措施，防止突然来水。

2）落下尾水门，并做好堵漏工作。

3）尾水管水位应保证在工作点以下。

4）切断调速器操作油压，并在调速器上挂“禁止操作，有人工作”安全标志牌，做好防止活动导水叶和转轮桨叶突然转动的措施。

5）切断水导轴承油（水）源、主轴密封润滑水源和调相充气气源等，并挂“禁止操作　有人工作”安全标志牌。

（4）工作完毕后，应清点人员和物件，检查确无人员和物件等留在内部后，应立即封闭孔或门。

（5）行灯变压器和行灯线要有良好的绝缘、接地装置和剩余电流动作保护器（漏电保护器），尤其是拉入引水钢管、蜗壳、转轮室、尾水管内等工作场地的行灯电压不得超过 12V。特殊情况下需要加强照明时，可由电工安装 220V 临时性的固定电灯，电灯及电线应绝缘良好，并配有空气开关和剩余电流动作保护器（漏电保护器），安装牢固，放在碰不着人的高处。安装后应由工作负责人检查。禁止带电移动 220V 的临时电灯。

（6）在机组转动部分进行电焊工作时，接地线应就近接到转动部分上，防止轴承绝缘击穿。

（7）进入转轮内部进行空蚀检查工作时，若是高处作业，应搭设牢固的平台。

（8）在转轮内进行电焊、气割或铲磨时，应做好必要的通风和防火措施，并备有消防器材。工作班成员在离开工作现场前应检查有无火种，并断开照明电源。

（三）调速器、进水阀上的工作

（1）在调速器及进水阀上工作应填用水力机械工作票或动火工作票。

（2）应严密关闭进水口检修闸门及尾水闸门，切断闸门的操作源并上锁、挂标示牌，做好彻底隔离水源措施。

（3）关闭所有可能向调速器及进水阀来压（油、水、气）的管路阀门，切断操作源并上锁。

（4）工作期间，引水管排水阀和蜗壳排水阀必须保证在全开位置，以确保上、下游闸门等地方的渗漏水能顺利排掉。

（5）工作前确认带压设备已安全泄压，带电元件电源已隔离，拆下的元件做好保护，拆除电气接线包扎好并做好标记。

（6）禁止踩踏调速器及进水阀未泻压管路或在带压管路上进行无关工作。

（四）油气水系统上的工作

（1）在油气水上工作应填用水力机械工作票或动火工作票。

（2）做好油气水系统工作安全隔离措施。

（3）不得携带火种进入工作区域，现场应配置充足的消防器具；取样时应设监护人；油样应妥善、密封保管，做好现场设备和环境的防护，防止污染。

（4）进出油库应执行登记制度。

（5）进入油罐气罐内工作应采取强制通风并设专人监护，工作时照明应使用行灯，其电压不得超过规定的安全电压。

（6）严禁频繁启动水泵，禁止在转动中水泵上工作。

（五）金属结构及金属焊接上的工作

（1）在金属结构及金属焊接上的工作应办理水力机械工作票或动火工作票。

（2）在室内或露天进行电焊工作；必要时应在周围设挡光屏，防止弧光伤害周围人员的眼睛。

（3）电焊设备（变压器、电动发电机）应使用带有保险的电源刀闸，并应装在密闭箱匣内。

（4）电焊设备的装设、检查和修理工作，应在切断电源后进行。

（5）在潮湿地方进行电焊工作，焊工必须站在干燥的木板上，或穿橡胶绝缘鞋。

（6）焊枪操作安全要求：

1）焊枪在点火前，应检查其连接处的严密性及其嘴子有无堵塞现象。

2）焊枪点火时，应先开氧气门，再开乙炔气门，立即点火，然后再调整火焰。熄火时与此操作相反，即先关乙炔气门，后关氧气门，以免回火。

3）由于焊嘴过热堵塞而发生回火或多次鸣爆时，应尽速先将乙炔气门关闭，再关闭氧气门，然后将焊嘴浸入冷水中。

4）焊工不准将正在燃烧中的焊枪放下；如有必要时，应先将火焰熄灭。

（7）氩弧焊操作安全要求：

1）氩弧焊焊接工作场所应有良好的通风。

2）焊工应戴防护眼镜、静电口罩或专用面罩，以防臭氧、氮氧化合物及金属烟尘吸入人体。

3）焊接时需减少高频电流作用时间，使高频电流仅在引弧瞬时接通，以防高频电流危害人体。

4）氩弧焊所用的铈、钍、钨极应放在铅制盒内。

5）操作时应先开冷却水管阀门，确认回流管里已有冷却水回流时，打开氩气阀门，再打开焊枪点弧开关；熄火的操作步骤与上述相反，以防铈、钍、钨极烧坏挥发。采用气冷焊枪时，焊枪喷嘴内有正常氩气流量流出时才能焊接。气冷枪使用时间过长、焊枪发烫时，应停止焊接，以免损坏焊枪。

（六）起重设备、起重作业

（1）桥机受力不得超过桥机负荷限制和转动部分重量。

（2）司机室必须安全可靠。司机室与悬挂或支承部分的连接必须牢固，有高温、有尘、有毒等环境下工作的起重机，应设封闭式司机室。露天工作的起重机，应设防风、防雨、防晒的司机室。

（3）吊钩应有制造单位的合格证等技术证明文件，方可投入使用。否则，应经检验，查明性能合格后方可使用。使用中，应按有关要求检查、维修和报废。起重机械不得使用铸造的吊钩。

（4）载荷由多根钢丝绳支承时，应设有各根钢丝绳受力的均衡装置。吊运熔化或炽热金属的钢丝绳，应采用石棉芯等耐高温的钢丝绳。

（5）焊接环形链的材料，应有良好的可焊性及不易产生时效应变脆性。

（6）卷筒上钢丝绳尾端的固定装置，应有防松或自紧的性能。对钢丝绳尾端的固定情况，应每月检查一次。

（7）动力驱动的起重机，其起升、变幅、运行、旋转机构都必须装设制动器。人力驱动的起重机，其起升机构和变幅机构必须装设制动器或停止器。起升机构、变幅机构的制动器，必须是常闭式的。

（8）各种起重机应按要求装设安全防护装置，并须在使用中及时检查、维护，使其保证正常工作性能。如发现性能异常，应立即进行修理或更换。

（七）机械保护、机械加工、机械试验工作

（1）进行机械加工等工作应填用水力机械票或动火工作票。

（2）砂轮机的防护罩必须完备牢固，禁止使用没有防护罩的砂轮（特殊工作需要的手提式小型砂轮除外）；电源开关装配正确，电压等级选择正确；金属外壳应接地，做到“一机一闸一保护”。对于细小的工件，不准在砂轮机上磨；特别是小工件要拿牢，以防挤入砂轮机内或挤在砂轮与托板之间，将砂轮挤碎。砂轮机用完之后，应立即关闭电源，不要让砂轮机空转。

（3）台式钻床加工不同材质薄工件时，应选好磨钻头角度，垫好木板，应将工件设置牢固后，方可开始工作。清除钻孔内金属碎屑时，应先停止钻头的转动。禁止用手直接清除铁屑。使用钻床时不准戴手套。工作中禁止用手触摸旋转的钻头，禁止用手清除钻屑，停车用钩子或刷子清除。

（4）使用锉刀、刮刀、手锤、台钳等工具前应仔细检查是否牢固可靠，有无损裂，手柄应安装牢固，没有手柄的不准使用。凿、錾、铲工件及清理毛刺时，严禁对着他人工作，要戴好防护镜，以防止铁屑飞出伤人。使用手锤时禁止戴手套。不准用扳手、锉刀等工具代替手锤敲打物件，不准用嘴吹或手摸铁屑，以防伤害眼和手。刮剔的工件不得有凸起凹下毛刺。

（5）切割机使用前，应认真检查各部件是否松动，锯片有无残缺裂纹。下雨雪时，不可露天进行切割工作。如必须进行时，应采取防雨雪的措施。更换与管理切割机锯片，必须由专人负责，轴孔不适合，不得强行安装。

四、事故案例分析

［案例］ 某发电厂处理冷灰斗篷灰渣过程中，灰渣塌落，导致人身伤亡

（一）事故概述

2011年5月13日08时09分，某发电厂处理2号炉（SG-1025/

18.55-M725）捞渣机（GBL12tX40）故障结束后，在处理冷灰斗篷灰渣过程中，灰渣突然塌落至冷灰斗，大量热汽、热水、热渣从冷灰斗喷出，导致在捞渣机上部平台和地面工作的9人不同程度烫伤。其中两人（设备部主任、发电部副主任）抢救无效死亡，其他七名伤员（设备部副主任、发电部除灰专工、两名检修工、三名消防员）已经转送医院救治。

（二）事故经过

5月12日9时15分，检修人员处理“捞渣机找中心、链条入轨并找平衡”，开出热力机械第一种工作票，工作内容为“2号炉捞渣机链条调整消缺”，发电部运行值班人员于10时07分许可开工。17时30分检修工作完工，押票试转，捞渣机过流跳闸，判断故障为捞渣机链条刮板卡涩，随即办理工作票延期手续，处理刮板脱落、销轴掉落缺陷。22时47分消缺结束。运行人员进行系统恢复。

13日0时25分注水结束，运行人员组织开始排渣。西侧关断门打开后焦渣排放正常，东侧焦渣下落不畅，经检查在冷灰斗处灰渣蓬住。

2时10分，值长向带班领导汇报后联系设备部、消防队等有关人员，并调来消防车进行冲渣排渣。工作至13日5时许，效果仍不明显。现场生产管理人员、工程技术人员等到集控室旁会议室研究下一步处理方案。

7时40分左右，生产副厂长、设备部主任、副主任、锅炉点检长、副总工程师兼发电部主任、发电部副主任、发电部除灰专工、检修项目部经理等人返回现场。生产副厂长看了情况后，回办公楼组织 8 点生产调度会，副总工程师兼发电部主任接电话后去查看脱硫系统缺陷，发电部副主任回集控室，锅炉点检长身体不适也离开了现场。

约 08 时 10 分，突然发生大量灰渣塌落，锅炉下水封被破坏，热汽、热灰渣从捞渣机与液压关断门（打开状态）结合部喷出，造成 9 名人员被烫伤。电厂立即启动应急预案，将伤员送往医院抢救。

（三）暴露问题

1．现场检修组织不力，缺陷处理时间过长

设备健康水平差，缺陷频发，现场缺陷工作组织不力，导致消缺时间过长。在“捞渣机链条调整消缺”结束后，试转时又出现捞渣机过流跳闸，最后发现“刮板脱落、销轴掉落”，从许可开工到消缺最后结束进行了12小时40分钟，致使灰渣过长时间无法排除。

2．危险点分析不够，安全措施不完善

锅炉异常运行，冷灰斗上部大量积存灰渣的情况下，对作业可能存在灰渣塌落的风险认识不足，安全措施不完善，管理人员急于处置，造成多人聚集在捞渣机附近，以至突然发生塌落后人员躲闪不及烫伤。

3．安全意识不强，自我防范意识欠缺

个人的安全意识不强，日常的安全学习针对性不够。对作业本身和周边环境存在风险估计不足，对于可能造成的人身伤害意识不到，自我防范意识欠缺，个人防护不够。

第三章

高级运维专责安全技能

第一节　运行业务安全技能

一、操作票安全管理

（一）操作票审批

（1）对操作票操作任务与操作指令是否一致、操作项目内容是否正确、危险点预控分析及预控措施是否恰当等再次检查、审核。

（2）当班运维负责人不得修改操作票，一旦发现错误或异常，应退回操作人重新修改。

（二）下发操作指令

1．正式操作开始前还应做好的工作

（1）告知值守人员操作任务信息。

（2）再次审核该操作票，无误后正式生成操作票编号，打印纸质的操作票（含对应的危险点分析控制单）。

（3）对照危险点分析控制单逐项告知操作人和监护人，在相应栏打勾确认并录音。

（4）在“危险点”栏和“预控措施”栏第一个空余行中部起向下划“↯”符号，符号占两空行；若危险点分析和预控措施到该页的最后一行，则“↯”符号划在备注栏内。

（5）在纸质操作票的操作项目最后一栏下方划“↯”号、“↯”符号占两空格。

（6）确认无误后在操作票和危险点控制单相应位置分别签名

确认。

（7）重大操作票操作人员应提前通知相关生产领导、安监人员到岗到位。

2．下发正式操作指令

（1）涉及调度管辖权限的设备，接收到值班调控人员下发的正式操作指令后，值守人员通过电话录音将正式操作指令通知运维负责人，运维负责人下发操作指令给监护人和操作人。运维负责人和监护人分别在操作票发令人和接令人栏签名，并记录发令时间。

（2）不涉及调度管辖权限的设备，运维负责人正式下发操作指令给操作人员，运维负责人和监护人分别在操作票发令人和接令人栏签名，并记录发令时间；运维负责人下发正式操作指令前，通过电话录音告知值守人员操作任务。

（3）当班运维负责人将操作票交监护人，并交待操作任务以及安全注意事项，下令操作。

二、工作票安全管理

（一）接收工作票条件

（1）应熟悉设备情况和《国家电网公司电力安全工作规程》，并具有相关工作经验。

（2）应取得国网新源公司生产人员岗位安全资格认证 C1 级以上资格证书。

（3）确认工作票上所填安全措施正确完备。

（二）接收工作票

（1）工作负责人负责通过生产管理信息系统将已签发的工作票送达运维负责人，送达时间要求：

1）第一种工作票、水力机械工作票一般应在工作前一日送达运维负责人；

2）第二种工作票可在进行工作的当天预先交给运维负责人；

3）临时工作可在工作开始前直接交给运维负责人。

（2）运维负责人在收到工作票时，应及时对该工作票上填写的内容进行审核，尤其是检修要求安全措施。如发现工作票所列的安全措施错误或不全等问题，应拒绝收票并退回。如有其他不清楚之处，应向工作负责人或工作票签发人询问清楚后方可接票。

（3）运维负责人接票后在生产管理信息系统内签名记录并告知值守人员。

三、事故处理

（1）值守人员在发生事故后应在保证其他机组 / 设备安全运行的情况下，进行事故设备第一时间的应急处理。

（2）值守人员负责第一时间的事故应急处置，完成下列任务并及时通知运维负责人进行后续事故处理。当现场事故范围较大或条件复杂时，运维负责人应汇报运维检修部负责人（或值班主任），在处理事故时应遵守以下相关原则：

1）尽快解除对人身和设备的威胁，限制事故发展，消除事故根源；

2）确保运行系统的设备继续安全运行；

3）调整运行方式，尽可能恢复设备正常运行方式；

4）处理停电事故时，应首先恢复厂用电系统和直流系统。

（3）调度管辖和许可的设备发生异常情况或者其他设备异常可能影响调度管辖和许可设备安全正常运行的，值守人员应及时向调度汇报并按调度指令执行。事故处理后，值守人员应及时向调度汇报事故处理情况。

（4）值守人员应按调度规程、电站现场运行规程、应急预案等有关规定，正确、迅速地处理异常情况和事故。

（5）值守人员应将事故发生时的现象、后果、第一时间处理情况如实记录在运行日志里，便于事故后续处理。

（6）运维负责人是现场事故处理的主要组织者和指挥者，应对事故处理的正确性和及时性负责，在处理事故时，运维负责人有权调动全厂所有职工、相关车辆及其他必需物资设备。

（7）发生事故时运维负责人可根据事故情况，呼叫运维 ONCALL 人员及值班车辆到达现场，协助处理事故或抢修。值守人员要在运维负责人的统一领导和指挥下进行事故处理，参加事故处理的运维 ONCALL 人员应听从运维负责人的指挥。各级人员在接到运维负责人事故处理命令时，应尽快执行，不得违误。

四、反事故演习

（一）通用安全注意事项

（1）各单位应根据实际情况，定期组织突发事件应急预案演练，增强应急处置的实战能力。通过演练，不断增强预案的有效性和操作性。

（2）各单位应针对现场应急处置方案定期组织值守人员进行应急演练，参加电网或者本单位针对性的反事故演习（包括黑启动），做好记录与总结分析。

（3）组织反事故演习应当不影响正常值守工作。

（4）反事故演习过程中参演人员应当在有经验的人员监督下进行演习，应当注意严禁实际操作设备，严禁对运行设备造成影响。

（二）反事故演习风险辨识

反事故演习风险辨识见表 3-1。

表 3-1　　反事故演习风险辨识

分类		危险源	存在风险	风险等级	应对措施
大类	小类				
反事故演习造成设备异常动作	监护不到位	反事故演习时，因监护不到位导致演习人员误操作设备	人员工作不严谨	一般	（1）选择合适的时机进行反事故演习。 （2）反事故演习人员均应在有经验的人员的监护下进行。 （3）反事故演习过程中严禁实际操作设备
	演习用语不当	反事故演习时，由于未在演习命令前加“演习”等用语，导致当班值守人员误操作设备	人员工作不严谨	一般	（1）选择合适的时机进行反事故演习。 （2）反事故演习应提前告知当值值守人员。 （3）反事故演习人员在演习过程中所有命令和反馈前均应增加“演习”等用语

五、事故案例分析

[案例 1] 某水电站运行人员进入生产现场对球阀缺陷处理时，注意力不集中，不慎滑倒跌落导致重伤

1. 事故经过

某年 10 月 8 日，某水电站 1 号机组停机后，运检人员巡视发现其球阀顶部排气阀后管路接头渗水，运行人员通知检修人员处理。由于人手紧张，机械班长赵 × 办理完工作票手续后，安排班组刚来的外委人员吕 × 穿硬底皮鞋爬至球阀顶部处理缺陷，吕 × 当时精神状态不佳，哈欠连天，注意力不能保持集中，其在工作过程中不慎滑倒跌落至地面导致重伤，后经调查吕 × 由于身体不适在工作前一个小时服用感冒药。

2．原因分析

（1）工作签发人对所派工作班人员是否适当和充足要求考虑不周，工作负责人未能及时掌握工作班成员精神状态，工作人员安排不当，安全职责履行不到位。

（2）伤者吕 ×（工作班成员）高处作业未使用安全带，穿硬底皮鞋登高作业，工作负责人赵 × 监护不到位。

（3）伤者吕 ×（工作班成员）明知自身精神状态不佳，对该项高处作业安排未能拒绝，安全意识不到位。

（4）伤者吕 ×（工作班成员）穿硬底皮鞋进行高处作业，违反高处作业安全规定要求。

［案例 2］ 机组检修调试过程中，未办理消缺工作票，消缺作业后旧探头遗忘在风洞内

1．事故经过

某电站 1 号机组 A 级检修进入调试阶段，调试工作负责人办理了一张调试工作票。调试过程中发现风洞内发电机顶部一测风温信号异常，经分析判定为探头损坏，调试工作负责人立即通知配合调试的检修人员进行更换。检修人员一行 3 人未办理工作票，直接到现场打开盖板，拿着工具箱进入风洞进行更换。期间调试工作负责人到现场，并提醒不要将东西落在里面。半小时后更换完毕，信号正常，盖板恢复。就在调试准备继续进行时，检修人员在清点工器具时，突然想起更换下来的旧探头没有拿出，立即通知试验负责人停止调试。

2．原因分析

（1）调试过程中，消缺未办理工作票，属违章作业，调试工作

票不能替代消缺工作票。

（2）进入风洞内作业未严格执行登记制度。

（3）调试工作负责人对消缺工作未办理工作票未提醒和制止，对进入风洞内的作业不进行登记等严重的违章行为未进行制止和纠正，没有尽到调试工作负责人的职责。

（4）作业完毕后未清理现场，有遗留物。

第二节　电气设备检修维护安全技能

一、在电气设备上工作的组织措施

高级运维专责应熟练掌握在电气设备上进行工作时的组织措施，包括现场勘查制度、工作票制度、工作许可制度、工作监护制度、工作间断、转移和终结制度，掌握各种电气设备上工作时不同工作票的使用方法，掌握工作票签发人、工作负责人、安全监护人的相关职责。工作票签发人的相关职责见高级运维专责运行业务安全技能部分，其他内容见中级运维专责章节中的相关内容。

（一）工作票签发人的基本条件

工作票签发人应是熟悉人员技术水平、设备情况和国家电网公司电力安全工作规程，并具有相关工作经验的生产领导人、技术人员或经本单位分管生产的领导或总工程师批准的人员，应是高级运维专责及以上人员。工作票签发人员名单应公布。

（二）工作票签发人的安全责任

（1）确认工作必要性和安全性。

（2）确认工作票上所填安全措施是否正确完备。

（3）确认所派工作负责人和工作班人员是否适当和充足。

二、在电气设备上工作的技术措施

高级运维应熟练掌握工作中需要停电的设备、各种验电方法、装设接地线的方法和悬挂标示牌的方法。具体内容见中级运维专责章节中的相关内容。

三、在电气设备上工作的安全技能

高级运维专责除应熟悉中级运维专责所具备的电气设备安全知识外，还应熟练掌握电气设备检修以及电气试验的安全技能。

（一）一次设备检修

1．出线设备检修

（1）清洁除尘时应采用中性清洗剂，不允许用腐蚀性清洗剂擦拭设备，设备清扫后要保证设备表面清洁，无污物。

（2）连接线接头拆除后要采取必要的保护措施，防止接头碰伤，所有“人字线”分支务必用绳索绑扎在主引线上，防止掉落伤人。

（3）搭建检修架时，必须将安全带绑在牢固的金属件上。

（4）在搭架搬运中注意沙杆与带电体之间的安全距离是否足够；搭架前首先从距离带电体较远的一侧开始组装，应按照三点确定一个平面的原则逐步组装，认真检查各部件的螺丝是否牢固，护栏应安装牢靠，跳板布置合理并牢固地固定在检修架上。

（5）拆装高压设备的引线时，应用白布带将引线系牢，地面人员应躲开引线运动的方向。

（6）拆装拐臂时注意人员坠落，应将安全带系在牢固可靠的构件上，其他人员协助监护。

（7）拆装搬运均压电容应小心碰伤瓷套，应轻放于清洁平面上，并加以固定；在坚固螺丝过程中应用力适当均匀。

（8）检修完后，应对出线设备各控制柜、端子箱密封性和电缆封堵情况进行检查。

2．变压器检修

（1）进入现场人员禁止携带打火机和火柴等。

（2）进入现场应着装连体服，穿防滑鞋，对携带工具、材料、物资逐一进行出入登记和核查。

（3）作业前应铺设吸附材料，采取安全措施避免因油渗漏引起的跌滑。

（4）拆卸阀门、套管前应先泄压，套管吊出后，应用堵板将安装孔封堵，防止灰尘、潮气和异物等进入变压器内部。

（5）起吊钟罩或器身时，应分工明确，专人指挥，并有统一起吊信号。所用工器具以及其他金属性物体，必须编号并系绳固定。

（6）起吊前确保钢丝绳可靠，钢丝绳遇到棱角处时应加垫衬垫。

（7）起吊与空间限制需要停留空间时，应采取支撑等防止突然坠落的技术措施。

（8）进入变压器器身前需要进行通风，进入人员应穿着专用的检修工作服和鞋并戴清洁手套，使用12V照明电源。

3．发电机出口设备检修

（1）母线槽吊装时禁止用裸钢丝绳起吊和绑扎，拆卸后的母线槽应按分段序号、相序、编号、方向和安装标志统一存放，应堆放于干燥、清洁、无腐蚀气体污染的仓库内。

（2）检修空气循环干燥装置加热装置、管道前，确认设备电源已拉开，设备温度已恢复至或接近室温，防止人员烫伤。

（3）打开储能操作机构外壳前应先释放操作机构操作压力，需打开外壳后才能释放压力的，应在外壳打开后首先释放操作机构压力。

4. 干式变压器检修

不得使用溶剂和其他液体清洗线圈，也不得使用高压压缩空气吹扫。

5. 高压开关柜的检修维护

（1）检查断路器本体前，应先释放其储能机构储能。

（2）开关柜内手车开关拉出后，应确认隔离带电部位的挡板可靠封闭。

（3）开关柜未完全断电的工作，严禁拆除后盖板或打开隔离挡板，严禁未经许可擅自打开柜体隔离挡板进行工作。

（4）进行电容器停电工作时，应先断开电源，将电容器充分放电、接地后才能进行工作。

（5）开关合跳试验时，应远离开关机构，以防人身伤害。

（6）非事故处理情况下维护、检修高压开关柜，均不得未经手续解除其强制五防闭锁，检修完成后，应对开关柜强制五防闭锁功能进行验证后方可投运。

（7）对于两组或多组母线并排排列的高压开关柜，检修时应特别做好停电与带电设备的区域隔离，在所有临近检修设备的带电柜体上悬挂“止步，高压危险”标示牌，拆卸盖板时专人监护，防止误拆带电设备盖板。

6. 低压开关柜检修维护

（1）停电更换熔断器后，恢复操作时，应戴手套和护目眼镜。

（2）低压工作时，应防止相间或接地短路，应采用有效措施遮蔽有电部分，若无法采取遮蔽措施时，则将影响作业的有电设备停电。

（3）断路器解体检查前，应先释放其储能机构储能。

（4）抽屉式开关拉出后，严禁接触柜内导体。

（5）柜体后盖板拆下后，应立即验明各导体均无电压，挂接接地线后方可继续工作。

（6）严禁接触电缆柜内各电缆接头，工作前将开关柜停电，并应验明无电压。

（7）开关合跳试验时，应远离开关机构，以防人身伤害。

（8）低压母线停电时，应将母线上所有进线、馈线开关拉开并隔离，防止低压侧倒送电。

7. 电动机检修维护

（1）避免在转动着的电动机上工作。

（2）电动机接线盒打开后，应验明各接线端子无电压，特别是盒内加热器电源应断开。

8. 电力电缆检修

（1）在电缆通道、夹层内动火作业应办理动火工作票，并采取可靠的防火措施。在电缆通道、夹层内使用的临时电源应满足绝缘、防火、防潮要求。工作人员撤离时应立即断开电源。

（2）在电缆通道内敷设电缆需经运行管理部门许可。施工过程中产生的电缆孔洞应加装防火封堵，受损的防火设施应及时恢复，并由运行管理部门验收。

（3）在电缆通道、夹层内使用的临时电源应满足绝缘、防火、防潮要求。工作人员撤离时应立即断开电源。

（4）电力电缆工作的基本要求：

1）工作前应详细核对电缆标志牌的名称与工作票所写的相符，安全措施正确可靠后，方可开始工作。

2）电力电缆设备的标志牌要与电网系统图、电缆走向图和电缆资料的名称一致。

3）电力电缆附属设施的钥匙应专人严格保管，使用时要登记。

（5）电缆施工的安全措施。

1）电缆直埋敷设施工前应先查清图纸，再开挖足够数量的样洞和样沟，摸清地下管线分布情况，以确定电缆敷设位置及确保不损坏运行电缆和其他地下管线。

2）为防止损伤运行电缆或其他地下管线设施，在城市道路红线范围内不应使用大型机械来开挖沟槽，硬路面面层破碎可使用小型机械设备，但应加强监护，不得深入土层。

3）若要使用大型机械设备时，应履行相应的报批手续。

4）掘路施工应具备相应的交通组织方案，做好防止交通事故的安全措施。施工区域应用标准路栏等严格分隔，并有明显标记，夜间施工人员应佩戴反光标志，施工地点应加挂警示灯，以防行人或车辆等误入。

5）沟槽开挖深度达到1.5m及以上时，应采取措施防止土层塌方。

6）沟槽开挖时，应将路面铺设材料和泥土分别堆置，堆置处和沟槽之间应保留通道供施工人员正常行走。在堆置物堆起的斜坡上不得放置工具材料等器物，以免滑入沟槽损伤施工人员或电缆。

7）挖到电缆保护板后，应由有经验的人员在场指导，方可继续进行，以免误伤电缆。

8）挖掘出的电缆或接头盒，如下面需要挖空时，应采取悬吊保护措施。电缆悬吊应每 1 ~ 1.5m 吊一道；接头盒悬吊应平放，不准使接头盒受到拉力；若电缆接头无保护盒，则应在该接头下垫上加宽加长木板，方可悬吊。电缆悬吊时，不得用铁丝或钢丝等，以免损伤电缆护层或绝缘。

9）移动电缆接头一般应停电进行。如必须带电移动，应先调查该电缆的历史记录，由有经验的施工人员，在专人统一指挥下，平正移动，以防止损伤绝缘。

10）锯电缆以前，应与电缆走向图图纸核对相符，并使用专用仪器（如感应法）确切证实电缆无电后，用接地的带绝缘柄的铁钎钉入电缆芯后，方可工作。扶绝缘柄的人应戴绝缘手套并站在绝缘垫上，并采取防灼伤措施（如防护面具等）。

11）开启电缆井井盖、电缆沟盖板及电缆隧道人孔盖时应使用专用工具，同时注意所立位置，以免滑脱后伤人。开启后应设置标准路栏围起，并有人看守。工作人员撤离电缆井或隧道后，应立即将井盖盖好，以免行人碰盖后摔跌或不慎跌入井内。

12）电缆隧道应有充足的照明，并有防火、防水、通风的措施。电缆井内工作时，禁止只打开一只井盖（单眼井除外）。进入电缆井、电缆隧道前，应先用吹风机排除浊气，再用气体检测仪检查井内或隧道内的易燃易爆及有毒气体的含量是否超标，并做好记录。电缆沟的盖板开启后，应自然通风一段时间，经测试合格后方可下井沟工作。电缆井、隧道内工作时，通风设备应保持常开，以保证空气流通。在通风条件不良的电缆隧（沟）道内进行长距离巡视时，工作人员应携带便携式有害气体测试仪及自救呼吸器。

13）充油电缆施工应做好电缆油的收集工作，对散落在地面上的电缆油要立即覆上黄沙或砂土，及时清除，以防行人滑跌和车辆滑倒。

14）在 10kV 跌落式熔断器与 10kV 电缆头之间，宜加装过渡连接装置，使工作时能与跌落式熔断器上桩头有电部分保持安全距离。在 10kV 跌落式熔断器上桩头有电的情况下，未采取安全措施前，不得在跌落式熔断器下桩头新装、调换电缆尾线或吊装、搭接电缆终端头。如必须进行上述工作，则应采用专用绝缘罩隔离，在下桩头加装接地线。工作人员站在低位，伸手不得超过跌落式熔断器下桩头，并设专人监护。上述加绝缘罩的工作应使用绝缘工具。雨天禁止进行以上工作。

15）使用携带型火炉或喷灯时，火焰与带电部分的距离：电压在 10kV 及以下者，不得小于 1.5m；电压在 10kV 以上者，不得小于 3m。不得在带电导线、带电设备、变压器、油断路器（开关）附近以及在电缆夹层、隧道、沟洞内对火炉或喷灯加油及点火。在电缆沟盖板上或旁边进行动火工作时需采取必要的防火措施。

16）制作环氧树脂电缆头和调配环氧树脂工作过程中，应采取有效的防毒和防火措施。

17）电缆施工完成后应将穿越过的孔洞进行封堵，以达到防水、防火和防小动物的要求。

18）非开挖施工的安全措施：

a）采用非开挖技术施工前，应首先探明地下各种管线及设施的相对位置。

b）非开挖的通道，应离开地下各种管线及设施足够的安全距离。

c）通道形成的同时，应及时对施工的区域进行灌浆等措施，防止路基的沉降。

（6）电力电缆线路试验安全措施：

1）电力电缆试验要拆除接地线时，应征得工作许可人的许可（根据调度员指令装设的接地线，应征得调度员的许可），方可进行。工作完毕后立即恢复。

2）电缆耐压试验前，加压端应做好安全措施，防止人员误入试验场所。另一端应设置围栏并挂上警告标示牌。如另一端是上杆的或是锯断电缆处，应派人看守。

3）电缆耐压试验前，应先对设备充分放电。

4）电缆的试验过程中，更换试验引线时，应先对设备充分放电，作业人员应戴好绝缘手套。

5）电缆耐压试验分相进行时，另两相电缆应接地。

6）电缆试验结束，应对被试电缆进行充分放电，并在被试电缆上加装临时接地线，待电缆尾线接通后才可拆除。

7）电缆故障声测定点时，禁止直接用手触摸电缆外皮或冒烟小洞，以免触电。

（二）二次系统检修

（1）在信息系统运行维护、数据交互和调试期间，认真履行相关流程和审批制度，执行工作票和操作票制度，不得擅自进行在线调试和修改，相关维护操作在测试环境通过后再部署到正式环境。

（2）通信设备检修或故障处理中，应严格按照通信设备和仪表使用手册进行操作，避免误操作或对通信设备及人员造成损伤，特别是采用光时域反射仪测试光纤时，必须断开对端通信设备。

（3）工作人员在现场工作过程中，凡遇到异常情况（如直流系统接地等）或断路器（开关）跳闸时，不论与本身工作是否有关，应立即停止工作，保持现状，待查明原因，确定与本工作无关时方可继续工作；若异常情况或断路器（开关）跳闸是本身工作所引起，应保留现场并立即通知现场运维人员，以便及时处理。

（4）工作前应做好准备，了解工作地点、工作范围、一次设备及二次设备运行情况、安全措施、试验方案、上次试验记录、图纸、整定值通知单、软件修改申请单、核对控制保护设备、测控设备主机或板卡型号、版本号及跳线设置等是否齐备并符合实际，检查仪器、仪表等试验设备是否完好，核对微机保护及安全自动装置的软件版本号等是否符合实际。

（5）现场工作开始前，应检查已做的安全措施是否符合要求，运行设备和检修设备之间的隔离措施是否正确完成，工作时还应仔细核对检修设备名称，严防走错位置。

（6）在全部或部分带电的运行屏（柜）上进行工作时，应将检修设备与运行设备前后以明显的标志隔开。

（7）在继电保护装置、安全自动装置及自动化监控系统屏（柜）上或附近进行打眼等振动较大的工作时，应采取防止运行中设备误动作的措施，必要时向调度申请，经值班调度员或现场运维负责人同意，将保护暂时停用。

（8）在继电保护、安全自动装置及自动化监控系统屏间的通道上搬运或安放试验设备时，不能阻塞通道，要与运行设备保持一定距离，防止事故处理时通道不畅，防止误碰运行设备，造成相关运行设备继电保护误动作。清扫运行设备和二次回路时，要防止振动、防止误碰，要使用绝缘工具。

（9）继电保护、安全自动装置及自动化监控系统做传动试验或一次通电或进行直流输电系统功能试验时，应通知现场运维人员和有关人员，并由工作负责人或由他指派专人到现场监视，方可进行。

（10）所有电流互感器和电压互感器的二次绕组应有一点且仅有一点永久性的、可靠的保护接地。

（11）在带电的电流互感器二次回路上工作时，应采取下列安全措施：

1）禁止将电流互感器二次侧开路（光电流互感器除外）。

2）短路电流互感器二次绕组，应使用短路片或短路线，禁止用导线缠绕。

3）在电流互感器与短路端子之间导线上进行任何工作，应有严格的安全措施，并填用“二次工作安全措施票”。必要时申请停用有关保护装置、安全自动装置或自动化监控系统。

4）工作中禁止将回路的永久接地点断开。

5）工作时，应有专人监护，使用绝缘工具，并站在绝缘垫上。

（12）在带电的电压互感器二次回路上工作时，应采取下列安全措施：

1）严格防止短路或接地。应使用绝缘工具，戴手套。必要时，工作前申请停用有关保护装置、安全自动装置或自动化监控系统。

2）接临时负载，应装有专用的隔离开关和熔断器。

3）工作时应有专人监护，禁止将回路的安全接地点断开。

4）二次回路通电或耐压试验前，应通知现场运维人员和有关人员，并派人到现场看守，检查二次回路及一次设备上确无人工作后，方可加压。

5）电压互感器的二次回路通电试验时，为防止由二次侧向一次侧反充电，除应将二次回路断开外，还应取下电压互感器高压熔断器或断开电压互感器一次隔离开关。

（13）在光纤回路工作时，应采取相应防护措施防止激光对人眼造成伤害。

（14）检验继电保护、安全自动装置、自动化监控系统和仪表的工作人员，不准对运行中的设备、信号系统、保护压板进行操作，但在取得现场运维人员许可并在检修工作盘两侧开关把手上采取防误操作措施后，可拉合检修断路器（开关）。

（15）试验用隔离开关应有熔丝并带罩，被检修设备及试验仪器禁止从运行设备上直接取试验电源，熔丝配合要适当，要防止越级熔断总电源熔丝。试验接线要经第二人复查后，方可通电。

（16）继电保护装置、安全自动装置和自动化监控系统的二次回路变动时，应按经审批后的图纸进行，无用的接线应隔离清楚，防止误拆或产生寄生回路。

（17）蓄电池工作安全要求：

1）在连接或断开电池组任何连接线以前，必须确保蓄电池组与所有充电装置及负载处于断开位置。

2）移动大型电池必须使用适当的起重设备。

3）不应将工具或待连接的导线放置于电池顶部。

4）不应使用大扭矩的电动设备来进行电池连接操作。

5）不应直接提或拉电池外壳（如提或拉电极等）来挪动电池。

6）不应使用化学清洗剂（如氨水、漂白剂等）清洗电池。

7）不应卸掉电池排气阀或向密封式电池加入任何物质。

8）不应随意拆除装设保护电池系统的设备，如接地、熔断器、断路器等。

四、事故案例分析

［案例 1］违章作业，错误打开开关柜内隔离挡板进行测量，导致人身伤亡

1. 事故经过

2013 年 10 月 19 日，某公司变电检修中心变电检修六组组织厂家对 220kV 某变电站 35kV 开关柜做大修前的尺寸测量等准备工作，当日任务为“2 号主变压器 35kV 三段开关柜尺寸测绘、35kV 备 24 柜设备与母线间隔试验、2 号站用变压器回路清扫”。工作班成员共 8 人，其中 ×× 电力检修公司 3 人，卢 ×（伤者）担任工作负责人；设备厂家技术服务人员陈 ×、林 ×（死者）、刘 ×（伤者）等 5 人，陈 × 担任厂家项目负责人。

9 时 25 分至 9 时 40 分，×× 电力检修公司运行人员按照工作任务要求实施完成以下安全措施：合上 35kV 三段母线接地手车、35kV 备 24 线路接地开关，在 2 号站用变压器 35kV 侧及 380V 侧挂接地线，在 35kV 二 / 三分段开关柜门及 35kV 三段母线上所有出线柜加锁，挂“禁止合闸、有人工作”牌，邻近有电部分装设围栏，挂“止步，高压危险”牌，工作地点挂“在此工作”牌，对工作负责人卢 × 进行工作许可，并强调了 2 号主变压器 35kV 三段开关柜内变压器侧带电。

10 时左右，工作负责人卢 × 持工作票召开站班会，进行安全交底和工作分工后，工作班开始工作。在进行 2 号主变压器 35kV 三段开关柜内部尺寸测量工作时，厂家项目负责人陈 × 向卢 × 提出需要打开开关柜内隔离挡板进行测量，卢 × 未予以制止，随后陈 × 将核相车（专用工具车）推入开关柜内打开了隔离挡板，要求厂家技术服务人员林 × 留在 2 号主变压器 35kV 三段开关柜内测量尺寸。

10 时 18 分，2 号主变压器 35kV 三段开关柜内发生触电事故，林 × 在柜内进行尺寸测量时，触及 2 号主变压器 35kV 三段开关柜内变压器侧静触头，引发三相短路，2 号主变压器低压侧、高压侧复压过流保护动作，2 号主变压器 35kV 四段断路器分闸，并远跳 220kV 浏同 4244 线宝浏站断路器，35kV 一 / 四分段断路器自投成功，负荷无损失。林 × 当场死亡，在柜外的卢 ×、刘 × 受电弧灼伤。2 号主变压器 35kV 三段断路器柜内设备损毁，相邻开关柜受电弧损伤。

2．原因分析

（1）现场作业严重违章。在 2 号主变压器带电运行、进线断路器变压器侧静触头带电的情况下，现场工作人员错误地打开 35kV 三段母线进线开关柜内隔离挡板进行测量，触及变压器侧静触头，导致触电事故，暴露出工作负责人未能正确安全地组织工作，现场作业人员对设备带电部位、作业危险点不清楚，作业行为随意，现场安全失控。

（2）生产准备工作不充分。该公司在作业前未与设备厂家进行充分有效的沟通，对设备厂家人员在开关柜测量的具体工作内容、工作方法了解不充分，现场实际工作内容超出了安全措施的保护范围，而且对进入生产现场工作的外来人员安全管理不到位，没有进行有效的安全资质审核，生产管理和作业组织存在漏洞。

（3）风险辨识和现场管控不力。事故涉及的工作票上电气接线图中虽然注明了带电部位，但工作票“工作地点保留带电部分”栏中，未注明开关柜内变压器侧为带电部位，暴露出工作票审核、签发、许可各环节把关不严。工作负责人未能有效履行现场安全监护和管控责任，对不熟悉现场作业环境的外来人员，没能针对性开展安全交底，未能及时制止作业人员不安全行为。

［案例 2］ 工作人员违章到客户处作业，查看高压计量柜内设备过程中，柜内母线对其头部放电，导致死亡

1．事故经过

2010 年 8 月 16 日 9 时左右，某施工（客户在建工程未供电）项目部工作人员刘 × 到某供电局计量中心联系当事人张 ××，前去进行计量前期勘察工作。因当日该供电局局控生产工作计划上安排计量中心张 ×× 与马 × 另有工作，张 ×× 与刘 × 初步约定视当天工作完成情况再行联系。14 时 30 分左右，刘 × 再次来到计量中心找到张 ××，15 时左右，张 ×× 与刘 × 乘某施工项目部车辆前往工地现场。在前往某施工项目部工地现场途中，15 时 12 分，张 ×× 在车上电话告知班长贾 × 前去项目部工地。

15 时 40 分勘察完现场后，张 ×× 要求某施工项目部刘 × 开车送其到该市灞桥区城镇建设开发公司浐灞新城工地。该用户工程属基建增容用电工程，原装容量为 800kVA，此次申请容量

1000kVA，总容量增至 1800kVA。到达现场后，浐灞新城工地电工阎 ×× 带领张 ×× 来到新增容的 1000kVA 高压计量柜前，由阎 ×× 打开高压计量柜门，张 ×× 站在柜前俯身查看柜内设备过程中，发生高压计量柜最外侧 A 相母线对其头部放电，致其死亡。

2. 原因分析

（1）工作人员张 ×× 在客户电工未交待电气设备接线情况且未采取任何安全技术措施、履行许可手续的情况下到客户处工作，违反《安规》规定，未主动了解客户现场设备带电情况，未采取必要的安全防护措施，未能与带电设备保证足够的安全距离，是造成此次事故的直接原因。

（2）灞桥区城镇建设开发公司浐灞新城用户在城东分局工程验收后，私自将进线电缆连接至线路开关为原 800kVA 箱式变供电，导致进线电缆及 1000kVA 箱式变环网柜母线在新安装设备未完成计量验收前已带电，是本次事故发生的重要原因。

（3）生产计划执行不严格，计量中心班组临时动议安排现场作业。在当事人电话临时申请去项目部工地工作时，班长未按照规定擅自口头同意，班长在安排现场工作时也未落实保证现场安全的组织措施要求，班长严重失职失查，导致单人作业，是本次事故发生的又一重要原因。

（4）销业扩报装工程管理缺位，工程现场管理不严，对客户用电监察不到位，未能及时发现客户设备施工过程中擅自变更接线方式，致使新增设备在未经验收情况下出现部分设备带电，是本次事故发生的另一原因。

第三节 机械设备检修维护安全技能

一、在机械设备上工作的组织措施

高级运维专责应熟练掌握在机械设备上检修维护工作的组织措施，包括现场勘察制度，工作票制度，工作许可制度，工作监护制度，工作间断、试运和终结制度，动火工作票制度，操作票制度。操作票审批人的相关职责详见本章第一节相关内容，其他内容见中级运维专责章节中的相关内容。

二、在机械设备上工作的技术措施

高级运维人员应熟练掌握在水力机械设备和水工建筑物上检修维护工作保证安全的技术措施，包括停电、隔离、泄压、通风、加锁、悬挂安全标志牌和装设遮栏（围栏）。具体内容见中级运维专责章节中的相关内容。

三、在机械设备上工作的安全技能

高级运维在全面掌握中级运维所具备的检修安全技能外，还应具备担任一些大型检修、试验项目外的检修工作工作负责人和专责监护人的能力，能熟练地组织工作，全面的进行检修工作的危险点分析，并做好相应的预控措施。此外还应熟悉在机械设备上工作的危险点及其防控措施，熟练掌握以下机械设备检修工作所需的安全技能。

（一）发电电动机及其辅助设备检修安全技能

（1）部件拆卸前，对有关部件应做好动作试验，各部件动作灵活，拆卸时，应注意各零部件的相对位置和方向做好记号，记录后分解。

（2）拆卸机械零部件时先检查各部件接合面标志是否清楚，不明显的应重新作记号标志，并作记录，同一部件拆卸的销钉、螺栓、螺母、垫圈需放在同一箱内或袋内，做好标签注明。螺栓、螺母要清点数目，妥善保管。

（3）拆卸的主要部件，如轴颈、轴瓦、镜板等高光洁度部件表面，以及联轴法兰和销孔面应做好防锈蚀措施。应用白布或塑料布，包盖防护好。

（4）各零部件除结合面和摩擦面外，均应刷涂防锈漆，并按规定颜色及规定的油漆进行刷、涂、喷。

（5）发电机（电动机）电气预防性试验时，水轮机及发电机（电动机）内部作业人员应暂时停止检修工作，并撤出。

（6）发电机空气间隙测量，要求各点实测间隙的最大值或最小值与实测平均间隙之差同实测平均间隙之比不大于 ±10% 为合格。

（7）机组盘车前，检查机组各转动部分的间隙无异物，各工作面协调应充分，在各相关人孔门外挂“止步危险”的安全标志牌，并设专人监护。盘车过程中，禁止人员站在转动部位上。

（二）水泵水轮机及其辅助设备检修

（1）在运行的水轮机（水泵）的调速系统或油系统上进行有关调整工作时，应在空载状态下进行。该工作应经过相关负责人批准并得到运行值班负责人同意后，由相关负责人指定熟练的人员，在工作负责人的指导和监护下进行。

（2）泄水锥分解时，应根据厂房地面的承载能力，合理选择安放位置，在泄水锥脱离转轮过程中，泄水锥应缓慢落到地面，在整个分解过程中，禁止无关人员在转轮下方停留。

（3）大修期间转轮翻身时，由检修单位指定专人负责检查，指导、统一调度。由起重负责人统一指挥进行大件翻身工作，并注意下列事项：

1）场地应满足设备翻身需要，以防止碰坏设备。

2）选择的钢丝绳和专用工具，应能承受翻身时可能受到的动负载。

3）注意钢丝绳结绳的方法，绑好后要经过起重负责人的仔细检查，使在整个大件翻身的过程中，钢丝绳不致发生滑脱、弯折或与尖锐的边缘发生磨割，并能保持大件重心平稳地转动，不能在翻身时发生撞击。

4）指挥人员和其他作业人员应注意站立的位置，防止大件翻转时被打伤。

（4）水轮机主轴与转轮联轴或分解、水轮机主轴与发电机主轴联轴或分解时，螺栓下部应搭设牢固平台。螺栓下部用千斤顶支撑并随行动作，螺栓上部用绳子做好防螺栓坠落伤人措施。

（5）蜗壳内搭平台时，不准在活动导水叶与转轮之间绑扎绳索或其他杆件，搭设平台时要考虑不影响盘车。如需搭设临时平台，应做好防止导水叶转动的措施在封闭蜗壳人孔门前，工作负责人应检查里面确无人员、物件后立即封闭。封人孔门应两人以上检查，先封压力管道人孔门、后封蜗壳、尾水管人孔门。封闭人孔门前，工作负责人在检查清点过程中，人孔门应有专人值班且进行登记，禁止其他人员入内。

（6）导水机构开度测量工作应遵守下列事项：

1）试验前确保蜗壳及转轮室内无积水，无关人员已撤离工作现场。

2）调速器静态模拟正常，调速器应切手动，并切除与调速器动作有关的所有回路，以避免有人误动造成导水机构动作。

3）调速器柜与蜗壳之间应设可靠的通信手段，并做好防止人员误入水车室及转动部分的安全措施。

4）测量前，蜗壳工作面应指定专门负责人。调速器主供油阀的操作应听从工作负责人的指令，并设专人监护。

5）接力器行程测量人员，不得站在拐臂、调速环等转动部分上，以防摔倒被挤伤。蜗壳内应搭设简易平台并具备充足照明，做好防止滑跌措施，工作时禁止站在两个导叶之间。各部位测量工作结束时，工作负责人确认测量人员全部退到安全位置后，再进行下一工况操作测量工作。

6）整个测量过程中，测量人员身体任何部位不准进入两导水叶之间，并设专人监护。

（三）调速器、进水阀检修

（1）检修完成后应对调速器及进水阀控制柜内各信号进行依次

核对，保证其正确性，对工作过程的临时措施应一次性全部恢复（如有）。

（2）退出进水阀的上、下游密封，打开进水阀阀芯排水阀，并做好上、下游密封的操作源的隔离措施。

（3）进水阀阀体充水时，检修工作负责人应在进水阀旁，并配可靠的通信设备，检查旁通阀、通气阀等部件的漏水情况，如有异常，应立即通知操作人员关闭充水阀。缺陷处理时，应重新开工作票。

（4）对拆下的油容器、管道应防止残油污染地面，采取防滑、防爆、防火的措施。

（5）如在集油槽内检查油泵则应采取强制通风措施，并应配置充足的照明且照明电压应满足电力安规规定的电压等级。

（四）油气水系统检修

（1）工作人员离开油库前，必须切断滤油机、烘箱等电气设备的电源。

（2）安装位置低于尾水位的阀门检修，应关闭总排水阀后进行，检修过程中，应密切监视尾水位在工作点以下，防止满水，检修结束后立即打开总排水阀。

（3）取样时应设监护人。

（4）油库的一切电气设施（如断路器、隔离开关、照明灯、电动机、电铃、自起动仪表接点等）均应为防爆型。电力线路必须是暗线或电缆。不准有架空线。

（5）严禁在气系统管路开展打磨等工作。

（五）金属结构及金属焊接

（1）电焊工作所用的导线，必须使用绝缘良好的皮线。如有接头时，则应连接牢固，并包有可靠的绝缘。连接到电焊钳上的一端，至少有5m为绝缘软导线。

（2）电焊钳应符合下列几项基本要求：

1）须能牢固地夹住焊条。

2）保证焊条和电焊钳的接触良好。

3）更换焊条必须便利。

4）握柄必须用绝缘耐热材料制成。

（3）工作前应检查焊机电源线、引出线及各接线点是否良好，若线路横越车行道时应架空或加保护盖；焊机二次线路及外壳必须有良好接地；电焊钳把绝缘必须良好。焊接回路线接头不宜超过3个。

（4）气焊气瓶仓库周围10m距离以内，不准堆置可燃物品，不准进行锻造、焊接等明火工作，也不准吸烟。

（5）氧气瓶和乙炔瓶的使用应遵守下列规定：

1）在连接减压器前，应将氧气瓶的输气阀门开启1/4转，吹洗1~2s，然后用专用的扳手安上减压器。工作人员应站在阀门连接头的侧方。

2）气瓶上的阀门或减压器气门，若发现有毛病时，应立即停止工作，进行修理。

3）运到现场的氧气瓶，必须验收检查。如有油脂痕迹，应立即擦拭干净；如缺少保险帽或气门上缺少封口螺丝或有其他缺陷，应在瓶上注明“注意！瓶内装满氧气”，退回制造厂。

4）氧气瓶应涂天蓝色，用黑颜色标明“氧气”字样；乙炔气瓶应涂白色，并用红色标明“乙炔”字样；氮气瓶应涂黑色，并用黄色标明“氮气”字样；二氧化碳气瓶应涂铝白色，并用黑色标明“二氧化碳”字样；氩气瓶应涂灰色，并用绿色标明“氩气”字样。其他气体的气瓶也均应按规定涂色和标字。气瓶在保管、使用中，严禁改变气瓶的涂色和标志，以防止层涂色脱落造成误充气。

5）氧气瓶内的压力降到0.2MPa，不准再使用。用过的瓶上应写明“空瓶”。

6）氧气阀门只准使用专门扳手开启，不准使用凿子、锤子开启。乙炔阀门须用特殊的键开启。

7）使用中的氧气瓶和乙炔气瓶应垂直放置并固定起来，氧气瓶和乙炔气瓶的距离不得小于5m，气瓶的放置地点，不得靠近热源，距明火10m以外。

8）严禁使用没有减压器的氧气瓶。

9）禁止装有气体的气瓶与电线相接触。

10）在焊接中禁止将带有油迹的衣服、手套或其他沾有油脂的工具、物品与氧气瓶软管及接头相接触。

11）安设在露天的气瓶，应用帐篷或轻便的板棚遮护，以免受到阳光曝晒。

（6）进行启闭机的操作及试验时，如发生保护动作，不得任意解除，在查找故障原因时，如需解除某项保护，应由相关专业的专职工程师确认并记录。

（7）拆除缸体及活塞杆上销子时，工作人员应注意防滑并系好安全带，做好防止销子突然掉出的措施。

（8）进行活塞耐压试验时，首先应检查所用压力表及压力油泵安全阀合格，不得带压紧固管路接头，拆卸管路前，必须先确认管路无残压。

（9）每次落下闸门前，应检查橡胶水封是否破损、水封压板螺栓是否松动等异常情况，如有应处理合格后再使用。

（10）在各类闸门启闭操作过程中，未浸在水中的橡胶水封必须浇水润滑，不得干摩擦启闭。

（11）金属结构的报废要求：

1）主要受力构件失去整体稳定性时不应修复，应报废。

2）主要受力构件发生腐蚀时，应进行检查和测量。当承载能力降低至原设计承载能力的87%时，如不能修复，应报废。对无计算能力的使用单位，当主要受力构件断面腐蚀达原厚度的10%时，如不能修复，应报废。

3）主要受力构件产生裂纹时，应根据受力情况和裂纹情况采取阻止裂纹继续扩展的措施，并采取加强或改变应力分布的措施，或停止使用。

4）主要受力构件因产生塑性变形，使工作机构不能正常地安全运行时，如不能修复，应报废。

（六）起重设备、起重作业

（1）对于须经过安装、试车、运行的起重设备均应由有关的专门技术人员进行检查和试验，出具书面证明设备全面安全可靠后，方可正式投入使用。

（2）通过滑轮或滚筒的钢丝绳不准有接头。往滑轮上缠绳时，应注意松紧，同时不使其扭卷。起重机的起升机构和变幅机构不得使用编结接长的钢丝绳。钢丝绳不得与物体的棱角、锐边直接接触，应垫以半圆管、木板等，防止钢丝绳受损伤。

（3）卸扣安全要求：

1）卸扣不得横向受力。

2）卸扣的销子不得扣在活动性较大的索具内。

3）不得使卸扣处于吊件的转角处。

（4）两台及两台以上链条葫芦起吊同一重物时，重物的重量应不大于每台链条葫芦的允许起重量。

（5）禁止将千斤顶放在长期无人照料的荷重下面。

（七）机械保护、机械加工、机械试验工作

（1）新装砂轮开动后，人离开其正面后空转15min；已装砂轮开动后，人离开正面使其空转3min。待砂轮机运转正常时，才能使用。

（2）工作后，将钻床操纵手柄放在零位，切断电源，卸下钻头，清扫铁屑擦好机床，加好润滑油，清扫场地后方可离开。

（3）维修机床设备，应切断电源，取下保险丝并挂好检修标志，以防他人乱动，盲目接电，维修时局部照明用行灯，应使用低压（36V以下）照明灯。

四、事故案例分析

［案例］ 某变电站进行电压互感器更换工作时，生产厂家擅自更改设计，作业人员未严格执行《安规》等规章制度，造成较大人身伤亡事故

1．事故经过

2010 年 8 月 18 日 20 时，某 220kV 变电站收到 ×× 实业总公司变电工程分公司检修班的一份变电第一种电子工作票，工作内容为“10kV Ⅰ段电压互感器更换”，工作票编号为“垱岭变 201008015”，工作负责人为徐 ××，工作票签发人为彭 ××。

8 月 19 日 7 时 10 分，变电站值班员汪 ×× 接到地调洪 ×× 关于 10kV Ⅰ段母线电压互感器由运行转检修的指令，操作人徐 ×，监护人何 ××，填写并执行“垱岭变 201008015 号”操作票，于 7 时 23 分完成操作，将 10kV Ⅰ段母线电压互感器由运行转检修。

变电站运行人员未认真审核工作票上所列安全措施内容，只按照工作票所填要求，拉出 10kV Ⅰ段母线设备间隔 9511 小车至检修位置，断开电压互感器二次空气断路器，在Ⅰ段母线电压互感器柜悬挂“在此工作”标示牌，在左右相邻柜门前后各挂红布幔和“止步，高压危险”警示牌，现场没有实施接地措施。由于电压互感器位置在 9511 柜后，必须由检修人员卸下柜后挡板才能进行验电，变电站运行人员（工作许可人）何 ×× 与工作负责人徐 ×× 等人一同到现场只对 10kV Ⅰ段电压互感器进行了验电，验明电压互感器确无电压之后，7 时 50 分，工作许可人何 ×× 许可了工作。工作负责人徐 ×× 带领工作班成员何 ××、袁 ××、汪 ××、石 ×× 四人，进入 10kV 高压室Ⅰ段电压互感器间隔进行工作，工作分工是何 ××、石 ×× 在工作负责人徐 ×× 的监护下完成电压互感器更换工作，袁 ××、汪 ×× 在 10kV 高压室外整理设备包装箱。

8 时 30 分，10kV 高压室一声巨响，浓烟喷出，控制室消防系统报警，1 号主变压器低压后备保护动作，分段 931 断路器跳闸，10kV 侧 901 断路器跳闸。值班人员马上前往 10kV 高压室查看情况，高压室Ⅰ段电压互感器柜处现场有明火并伴有巨大浓烟，何 ×× 浑身着火跑出高压室，在高压室外整理包装箱的袁 ××、汪 ×× 帮助其灭火，变电站值班长邓 ×× 立即指挥本值员工苏 ××、胡 ××、韩 × 灭火，但由于室内温度太高、浓烟太大无法进入高压室进行灭火。

8 时 35 分，变电站人员拨打 120、119 求救，并电话报告供电公司领导。

8 时 40 分左右，现场施工人员和运行人员再次冲入高压室内进行灭火和救人，发现徐 ×× 和石 ×× 在 10kV Ⅰ段母线电压互感器柜内被电击死亡。

8 时 45 分左右，供电公司领导及安监、生技等相关人员到达现场进行现场处置，×× 实业总公司领导及变电工程分公司领导也前往现场进行处理。

8 时 50 分左右，120 救护车到达现场，把烧伤的何 ×× 送往医院抢救，诊断烧伤面积接近 100%，深度三级，于 8 月 27 日 13 时医治无效死亡。

2. 原因分析

（1）设备生产厂家未与需方沟通擅自更改设计，提供的设备实际一次接线与技术协议和设计图纸不一致，是导致事故的直接原因和主要原因。

（2）供电公司安全责任制落实不到位，技术管理不到位，技改工程组织管理不细、管理流程走过场，设计单位工作不实，运行管理不严格，新设备交接验收不规范等问题是造成本次事故的重要原因。

（3）供电公司所属的 ×× 实业总公司施工组织和现场安全管理、技术管理不到位，《安规》和《×× 电力公司电气两票管理规定》执行缺位，现场作业过程中危险点分析和控制弱化，安全意识不强是导致事故的直接原因。

（4）某 220kV 变电站运行维护工作不到位，《安规》等规章制度执行不严，现场验电范围不全面，未补充实施接地安全措施，是造成本次事故的又一直接原因。

（5）监理单位未能认真履行工程监理职责，在组织对开关柜现场验收及安装施工过程中，监督把关不严，未能发现电压互感器设备接线错误等安全隐患是造成本次事故的次要原因。

第四章

机电运维班班长安全技能

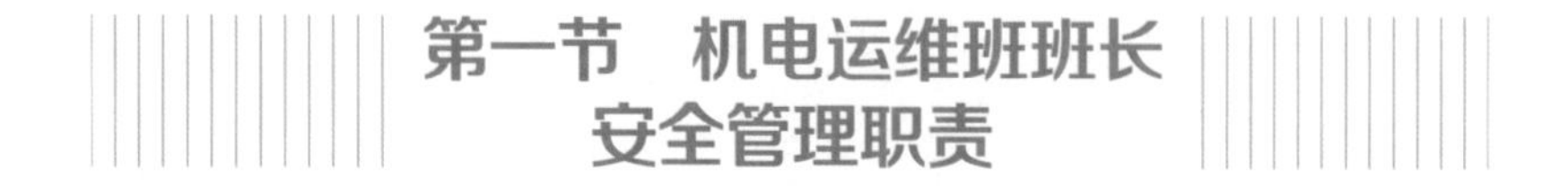

第一节 机电运维班班长安全管理职责

机电运维班班长是本班组的安全第一责任人，对本班组人员在生产劳动过程中的安全和健康，对现场设备的安全运行负责；全面负责本班组的安全生产工作，是安全生产法律法规和规章制度的直接执行者。其安全管理职责主要包括：

（1）全面掌握设备状况和系统运行方式，了解本班组成员精神状况符合安全生产要求，主动组织处理设备缺陷，对影响安全运行的设备缺陷和存在的问题，必须及时安排相关人员消缺，避免发生事故或扩大事故。

（2）负责制定和组织实施控制异常和未遂的安全目标，应用安全性评价、危险点分析和预控等方法，及时发现问题和异常，采取合理安全措施。

（3）严格执行“两票三制”，对本班组审核范围内的操作票、工作票和其他安全措施的正确性负责。

（4）负责认真贯彻执行安全规程制度，及时制止违章违纪行为，开展反违章工作，及时学习事故通报，吸取教训，采取措施，防止同类事故重复发生。负责组织和指挥反事故演习工作。

（5）支持与鼓励本班组人员参与应急队伍的组建、培训工作；组织、参与本班组专业范围内应急预案的培训、演练、评估工作。

（6）负责本班组事故隐患控制、治理等相关工作，并负责事故隐患排查治理的闭环管理；具体负责本班组事故隐患的预评估定级；编制一般隐患、安全事件隐患治理方案；对事故隐患治理结果进行预验收；组织、参与开展本专业隐患专项排查治理活动，对不能按时完成整改的事故隐患，及时向生技部汇报，提出进一步的整改意见。

（7）参与开展公司安全风险管控工作，规范应用风险辨识、风险管控措施，实施标准化作业，对生产现场安全措施的合理性、可靠性、完整性负责；开展、参与安全风险管控培训。

（8）在新源公司生产管理信息（MAXIMO）系统上填报隐患及治理方案，检修、技改项目实施方案，签阅上级文件，检查班组工作安全开展情况；在国家电网公司安监管理一体化平台签阅上级文件，检查班组安全工作开展情况，开展安全督查检查工作，对隐患进行预评估定级。

（9）主持召开好班前、班后会和每周一次的班组安全日活动，并督促做好安全活动记录。及时传达上级有关安全工作的文件、通知、事故通报等，组织开展安全事故警示教育活动，做好安全事故防范措施的落实，防止同类事故重复发生。

（10）负责和督促“四种人”做好每项工作任务（运行操作、检修、施工、试验等）事先的技术交底和安全措施交底工作，并做好记录。

（11）协助做好岗位安全技术培训、新进公司员工的安全教育和全班人员（包括借用人员）经常性的安全思想教育；协助做好岗位安全技术培训以及新入职人员、调换岗位人员的安全培训考试；组织全班人员参加紧急救护法的培训，做到全员正确掌握救护方法。

（12）组织开展和参加定期安全检查、“安全生产月”和专项安全检查活动，及时汇总反馈检查情况，落实上级下达的各项反事故技术措施。

（13）经常检查本班组工作场所的工作环境、安全设施（如消防器材、警示标志、通风装置、氧量检测装置、遮栏等）、设备工器具（如绝缘工器具、施工机具、压力容器等）的安全状况。定期开展检查、试验，对发现的问题做到及时登记上报和处理。对本班组人员正确使用劳动防护用品进行监督检查。

（14）支持班组安全员履行自己的职责。对本班组发生的事故、障碍、异常、未遂及其他不安全情况，做好详细记录，及时登记上报，保护好事故现场，并组织分析原因，总结教训，落实改进措施。参加或组织调查分析会，并将分析情况书面报安质部。

（15）按要求签订年度信息安全承诺书，并在实际工作中严格执行。

（16）其他有关安全安全管理规章制度中所明确的职责。

第二节 机电运维班班长安全技能

1. 应了解高级运维专责安全技能

机电运维班班长是机电运维工作的带头人，应熟练掌握本分册第三章所述的安全技能。

2. 应了解行业、监管部门安全生产相关管理规定

（1）应了解运检部副主任（运行）应熟悉的相关管理内容（详

见《生产单位管理人员分册》第四章第九节）。

（2）应了解运检部副主任（维护）应熟悉的相关管理内容（详见《生产单位管理人员分册》第四章第八节）。

（3）应了解运检部副主任（技术管理）应熟悉的相关管理内容（详见《生产单位管理人员分册》第四章第十节）。

（4）应了解《突发事件应急预案管理办法》（国办发〔2013〕101号）。

3．应熟悉国家电网公司安全生产相关管理规定

（1）应熟悉运检部副主任（运行）应掌握的相关管理内容。

（2）应熟悉运检部副主任（维护）应掌握的相关管理内容。

（3）应熟悉运检部副主任（技术管理）应掌握的相关管理内容。

（4）应熟悉《国家电网公司应急工作管理规定》相关内容。

（5）应熟悉《国家电网公司质量监督工作规定》相关内容。

（6）应熟悉《国家电网公司防止电气误操作安全管理规定（国网安监〔2006〕904）》相关内容。

4．应掌握新源公司安全生产相关管理规定

（1）应掌握《国家电网公司电力安全工作规程　变电部分》《国家电网公司电力安全工作规程　线路部分》《国家电网公司电力安全工作规程　水电厂动力部分》相关内容。

（2）应掌握《国网新源控股有限公司生产业务外包分级分类安全管理手册》相关内容。

（3）应掌握《国网新源控股有限公司反违章工作监督管理手册》相关内容。

（4）应掌握《国网新源控股有限公司应急工作管理手册》相关

内容。

（5）应掌握《国网新源控股有限公司质量监督管理手册》相关内容。

（6）应掌握《国网新源控股有限公司特种设备及特种作业人员安全监督管理手》相关内容。

（7）应掌握《国网新源控股有限公司管理人员到岗到位管理手册》相关内容。

第五章

水工建筑运维岗位安全技能

第一节 水工观测安全技能

一、观测仪表、工具的安全使用事项

振弦式读数仪　　全站仪　　差阻式读数仪

（1）测试仪表不使用时，仪表管理员必须登记后放入班组柜内，确保测试仪表的安全存放。

（2）使用人员要应熟知与仪表有关的电气安全知识。

（3）使用人员工作前，须仔细检查所使用工具和各种仪器以及设备性能是否良好，方可开始使用工作。

（4）恶劣天气情况下，如打雷时，禁止使用对讲机等信号设备，预防因通话引起的雷击现象。

（5）观测仪器、仪表应定期对其进行率定，保证其工作的稳定性与读取数据的准确性。

二、现场数据采集

1. 野外测量

（1）测量人员外出作业前必须向主管领导汇报当日工作行程。

（2）测量人员每天要将工作的内容逐一、完全记录，包括测量内容，安全环境情况、任务布置情况，安全隐患及采取的措施等。

（3）林区作业禁止野外用火，以免发生火灾。

（4）测量人员遇大风、雷雨天气禁止外出作业。

（5）测量人员必须佩戴必要的安全工具，如安全帽、安全绳，登高测量必要时要采取有效的保护措施，高边坡顶面测量时首先要检查边坡的稳定情况，在没有可靠的方案之前不能在潜在崩塌的边坡顶面进行测量作业，防止高处坠落事故发生。

（6）测量人员登高测量时不能随意往下丢掷锤子、石头等物品用具；在平地测量时不能随意对面使锤、不能随意丢掷物品、用具等，防止物品打击事故发生。

（7）测量作业时，测量人员要注意上空电线、高压电线等，防止塔尺触到电线，在没有可靠的测量方案之前，不能在高压电线下或在高压电周围进行测量。

（8）测量人员在施工现场进行测量作业，尽量避开在交通线路中心进行，测量时安排人员警戒，疏导交通，防止过往机械、车辆碰伤、挂伤。

（9）测量人员禁止在正在进行挖方作业的下面进行测量作业，必须在挖方下面进行测量作业时，要安排人员进行警戒，关注边坡异常情况，遇到异常情况，人员首先转移，优先确保测量人员人身安全。

（10）测量人员禁止在正在实施爆破作业的现场，在爆破警戒没有得到解除之前禁止在现场进行测量作业。

（11）测量人员野外作业区内行走，注意防滑、滚落、跌倒，判断好地形，不走悬崖峭壁、不爬树，应选择合适的站立位置，避开可能下落的碎石和泥土。

（12）测量人员需注意烂木、断梢、竹尖、兽夹伤人。

（13）测量人员需注意疯狗、毒蛇、毒蜂、蜈蚣、毒蛙、毒蜘蛛等有毒性动物及植物伤人。

（14）测量人员需注意野猪等野兽伤人。

（15）测量人员坑道作业应做好安全防护措施，防止塌方等自然灾害。

（16）测量人员不可直接饮用生水，不吃有毒野果，注意休息，防止中暑。

2. 内观数据采集

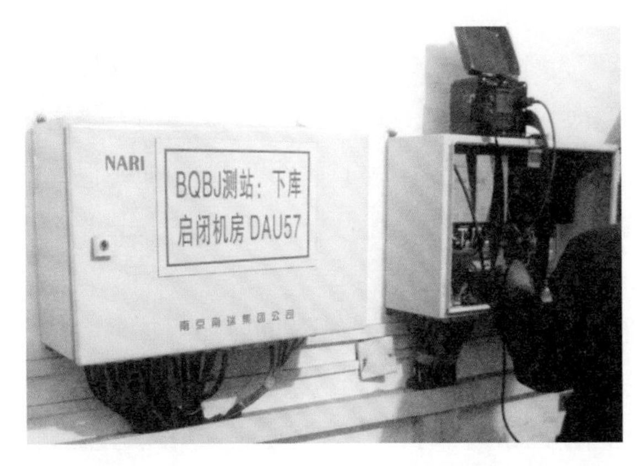

（1）进入监测现场，要求监测人员必须注意人身安全。行走时，携带二次仪表的姿势要得当，以免二次仪表与其他物体碰撞，导致二次仪表受损。

（2）集线箱及测控装置应保持干燥，箱内电源线连接应符合规范，防止漏电、短路等情况发生。

（3）二次仪表充电时，监测人员应派专人值守，防止电池充电时间过长导致任何安全事故。

（4）内观观测监测异常经复测确认，监测人员应及时初步判断分析原因并采取适当措施，防止建筑物、岩体、边坡等部位发生安全事故。

（5）监测人员在廊道、施工支洞内观测数据，要确保洞内通风顺畅；对存在潜在风险的廊道，进入前应加强通风，佩戴安全面罩，并配备可靠通信设备或专人监护。

（6）监测人员进入施工支洞，应注意查看路面上是否存在碎石，并应仔细观察碎石上方的岩体是否有继续掉块的迹象，通过碎石区域应当快速通行，并尽量靠岩壁两侧行走；若发现掉落碎石增多，应及时上报引起重视。

（7）监测人员在施工支洞堵头附近观测时，应注意观察堵头部位是否存在异常的渗漏水，确保不发生突水事故及隐患。

（8）监测人员检查及维护自动化集线箱，应确保每根电源芯线铜线不外露，防止发生短路事故；人工维护接线端时应断开电源开关。

（9）监测人员施工支洞堵头观测时，照明宜采用安全电压照明用具，避免人员灼伤及易燃易爆物燃爆。

（10）受限空间观测时，监测人员应采用强力通风装置进行强制通风，对作业环境不易充分通风的，应佩戴空气呼吸器，在缺氧和有毒环境应佩戴正压式空气呼吸器。

第二节 水工维护安全技能

一、启闭机和闸门检修

1. 启闭机检修（含固定式卷扬启闭机、液压启闭机、移动式启闭机、升船机启闭设备等）

（1）启闭机的吊耳、钢丝绳、滑轮、卷筒、制动器及吊具等承重构件应列为重点安全检查部位，发现缺陷，检修人员禁止进行闸门的启闭操作，并立即安排检修。

（2）启闭机在持门状态下，检修人员禁止进行检修工作，运行中发生故障，应将闸门落至最低位或做好防止闸门下落的安全措施后，方可进行检修。

（3）启闭机发生过载时，检修人员应立即停止操作，在查明原因并处理正常后，方可重新操作。禁止在过载情况下强行启闭。

（4）启闭机的各种闭锁和保护不得随意解除，在操作及试验时，如需临时解除或更改整定值，应由相关专业的专职工程师确认并记录，确认永久变更的应由总工程师批准。

（5）对于双缸操作的液压启闭机，检修时的单缸操作应在液压缸与门体解除连接的状态下进行，单缸操作前，应关闭另一个液压缸的管路阀门或由检修人员进行油管封堵。

（6）液压缸吊运过程中，检修人员应做好防止活塞杆滑出的措施。液压缸分解时，禁止用油压推出活塞杆，活塞拉出时应做好防止其突然脱出缸体的措施。

（7）液压系统检修前应将各阀件及管路的压力排尽，并做好防止油泵突然启动的安全措施。

（8）卷扬式启闭机的抱闸及装置失灵时，检修人员禁止进行启闭操作。紧急状态下，需要人为松开抱闸进行启闭操作时，应做好安全措施并经总工程师批准。

2. 闸门检修

（1）闸门的吊耳及承重构件应列为重点安全检查部门，发现缺陷，检修人员禁止进行闸门的启闭操作。

（2）闸门在吊起状态下，检修人员禁止进行气割、焊接及其他降低闸门金属结构强度的检修工作。立放检修的闸门检修人员应做好防止闸门倾倒的措施。

（3）在闸门上工作，检修人员应严格遵守高处作业有关规定，启闭中的闸门上禁止站人。上下攀爬闸门时应使用专用爬梯，检修人员应系好安全带和防坠器。

每次落下闸门前，检修人员应检查橡胶水封是否破损、水封压板螺栓是否松动等异常情况，如有，检修人员应处理合格后再使用，在各类闸门启闭操作过程中，未浸在水中的橡胶水封应浇水润滑，不得干摩擦启闭。

（4）检修闸门的启闭应在静水状态下进行，禁止动水操作。

（5）人字闸门关闭后，两扇门叶的导卡与导轮错位时，检修人员禁止对闸室进行充水操作。所有人员不得停留在充水后的人字闸门上。

（6）人字闸门检修的安全措施应经总工程师批准，进行底枢检修前，应确认人字门已垫直固定牢靠。检修人员禁止使用液压千斤顶替代支墩支撑闸门。

（7）泄洪闸门的操作应严格执行水情调度指令，操作前检修人员应确认上下游库区的船只、木排等已撤离至安全地带。

二、防腐作业

（1）作业人员在设备内采用喷涂法进行防腐作业时，必须穿戴好安全防护用品。孔洞要设好防护设施。设备内外应有监护人配合工作。为预防在设备内作业时中毒和发生火灾，操作人员不得穿钉鞋、携带火柴、打火机等引火物入内。操作场房不要存放易燃和有毒物质。设备应有可靠的接地设施，以预防触电。

（2）油漆施工时，作业人员要戴口罩，在容器内施工时要有通风措施。油漆作业现场 10m 以内不准进行电焊、切割焊接等明火作业。特殊需要时，应做好安全措施。

（3）使用磨光机进行打磨时要戴好防护目镜，作业人员手要抓牢磨光机，防止从手中脱落，伤己或者伤人。

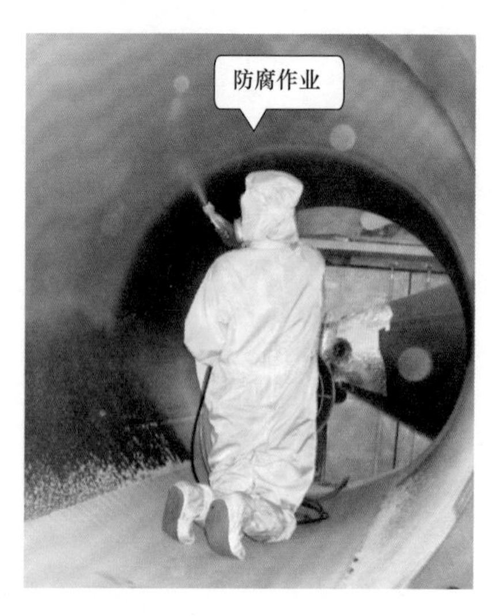

（4）作业人员不能穿易产生静电的工作服。

（5）作业人员禁止与焊工交叉作业。

（6）带电设备和配电箱1m以内，作业人员不准进行喷漆作业。

（7）调和漆、溶剂、乙烯剂等有机化学配料和汽油易燃物品，应分开存放。每天收工前应妥善放置在安全地点。

（8）工作完毕后，作业人员应清扫场地，将用完的废旧物品（如棉丝等）集中放在专用器具内。

第三节　水工巡视安全技能

一、准备阶段

（1）水工巡视前巡检人员应制定巡视计划，有必要时需提前向领导汇报当日行程。

（2）根据现场实际情况，巡检人员应做好危险点分析及安全控制措施。

（3）巡检人员应清楚安全注意事项和分工，明确各自的工作范围与安全责任。

（4）巡视时必须要 2 人及以上进行，准备好相应工器具，夜间巡视时应有照明工具，大雨巡视时要带上雨具。

二、作业阶段

（1）巡检人员巡视时应穿工作鞋，戴安全帽，路滑、过沟、墙、隧洞时防止摔倒和碰撞。

（2）巡检人员巡视大坝和溢流堰等建筑物时要防止从高处坠落。

（3）巡检人员巡视水库时要注意安全，穿好救生衣，避免溺水。

（4）巡检人员野外巡视应随身携带治疗蜂蜇、蛇咬的药品。

（5）巡检人员巡检时应注意天气变化，若遇有大风、暴雨、打雷及大雾等恶劣气候，应停止露天作业，迅速撤离至安全地带。禁止在山顶和树下避雨。

（6）巡检人员不准穿越不明深浅的水域，注意避开山洪。

（7）巡检人员应自备饮水，禁止饮用不明水质的野外水源。

（8）巡检人员不得冒险攀登陡坡、险崖。必须上陡坡、险崖才能进行的工作，应采取适当的安全措施。

（9）通过山体时，巡检人员应先仔细观察山体有无松动迹象后方可通行。

（10）由于巡检道路大多为盘山道路，为避免交通事故，车速不宜过快。

三、工作结束

（1）工作结束后，工作负责人检查并确认工作人员已全部从巡视路线上撤离。

（2）巡检人员应及时总结巡视过程中存在的问题，对建筑物安全隐患做好记录。

第四节　潜水安全技能

一、设备检查

（1）凡使用内燃空压机时，要采取措施防止吸入废气污染压缩空气。压缩机的进气口应不受到不洁气体的污染。

（2）当只有一个潜水人员在水下作业时，在工作船上必须配备多一套装具，以便潜水员一旦发生意外，能及时下水救援。

（3）下潜前头盔要经消毒，头盔不得生铜锈。

（4）电话传音要清楚。

（5）进气管单向阀要洁净、灵活及完好。

（6）空气过滤罐洁净，压力表正常。

（7）梯子结实牢固，角度合适。

（8）气管头牢固。

（9）信号绳、气管能承受 180kg 拉力。

二、着装及入水

（1）酒后禁止潜水。

（2）必须穿好防护服后始允许着装。

（3）凡健康状况不正常者禁止潜水，有条件时得经医生体检后始能着装。

（4）在过滤罐气压大于潜水员下潜深度的静水压时，才能下梯入水。

（5）着装下梯后，应用手拉住梯子，缓缓潜入水中，经水密检查无漏，始允许松手离梯下潜。

（6）下潜速度限制在每分钟 10m 以内。

（7）凡水面或水下环境有危及潜水员安全时，禁止下潜入水。

三、水面配合工作

（1）每次潜水都应有专人统一指挥，所有配合人员都得服从命令。

（2）工作期间禁止喧哗、打闹及开玩笑。

（3）信绳气管由专人持管，绳、管不得离手。

（4）严密监视水域动态及气压变化情况。

（5）准确及时做好潜水记录。

（6）密切注意潜水员在水下的动态。

（7）尽最大可能减轻潜水员在水下的劳动。

（8）禁止非工作人员进入潜水工作船。

四、潜水

（1）潜水员着底后即用电话告诉水面。

（2）潜水员着底后适当增加通风量，并将水绳按水流方向放置在身体的下游侧。

（3）在潜水整个过程中严格听从水面指令。

（4）在潜水整个过程中，潜水员凡接到水面信号，不管信号发自电话或管绳，都必须尽快准确回答。

（5）在潜水整个过程中，潜水员如发生异常感觉或不适，应迅速通知水面。

（6）在浊水下前进时，潜水员应先伸手向前探摸，以保护门镜。

（7）水下作业时，潜水员要注意头盔不能低于胸部的位置。

（8）严禁在水下解脱信绳。

（9）潜水员应随时清理信号绳和气管，以免工作位置转移时缠绕。

（10）禁止将信号绳作他用，打信号要清楚，接到转移方向指示时，潜水员应先面对信号绳和气管，再按指示方向前进。

（11）潜水员水下行走应侧身移动，不准在重吊物件、其他悬吊障碍物和船只下面穿过，不随意触动无关物体或水生物。

（12）潜水员应避免踏动淤泥，在淤泥上工作时，应调整空气，使潜水衣有一定浮力，当陷入淤泥中时，应缓慢小心地调整空气，改变潜水衣的浮力，从淤泥中拔出来时，要注意防止放漂。

（13）潜水员使用调整阀时要谨慎小心，不准打开过大，防止放漂，在任何情况下，下肢不准高于头部。

（14）潜水员带着多根绳子进行工作时，应预先做好记号，工作时未查明是哪根绳子前，不准冒险割断。进行复杂的水下作业时，应利用“进行绳”来引导方向。

（15）潜水员在进行水下闸门作业时，应在闸门关闭以后下水，在闸门开启之前出水，并有可靠措施，保证潜水员在水下时不会误开闸门。

（16）潜水员在水下检查闸门下放位置时，潜水员应将身体避开，手扶门面。

（17）潜水员在闸门漏水较大处工作时，应在离漏水处 2 ~ 5m 处下水，下水前应先用物体试验吸力大小，防止潜水员被吸。

（18）潜水员在水下坝体前工作时，工作段两边闸门不准开启放水。

（19）在一般情况下，禁止夜间水下作业，如遇特殊情况需在夜间作业时，应经分管生产的领导（总工程师）批准，并应注意下列各项：

1）潜水作业船上应有良好的照明设备；

2）自作业开始至结束，应有强光照射潜水员排出气泡的水面；

3）应保证在电气照明故障时有常明设备。遇电气照明故障时，应立即命令潜水员按减压规定上升出水。

五、上升及出水

（1）潜水员上升前应清理信号绳和气管，收拾好工具，检查周围环境，开始上升时应向水面报告。

（2）上升严格按水面通知的减压程序出水。

（3）潜水员接近水面时，手抓前压重物，大量排气，并应注意防止头部与船底及其他物体相碰。

（4）潜水员接近水面时应伸手护顶。

（5）潜水员上升速度不得超过每分钟 5～6m。

（6）潜水员卸装后禁止冷水浴，但沐浴水温不应超过 37℃。

（7）潜水员卸装 12h 内禁止体育活动和较重的体力劳动。出水后禁止立刻上床睡觉。

第五节　水库调度安全技能

一、水库调度基本原则、任务

1．基本原则

按设计确定的任务、参数、指标及有关运用原则，在保证枢纽工程安全的前提下，正确处理安全与效益、拦蓄与泄放之间的关系，以发电为主，兼顾防洪、灌溉、渔业、航运、旅游等综合利用效益。

2. 基本任务

确保水库大坝安全，并承担水库上、下游的防洪任务；发电为主，并满足其他有关部门的正常用水要求；科学合理调度水库，充分发挥水库的综合利用效益。

二、水库调度日常业务管理

1. 水务计算及资料整编

（1）核对水库调度自动化系统上一日每小时的水务计算数据的正确性、完整性，对缺项数据进行补充计算。整编水务日数据，并完成向上级调度、新源公司的基本数据核对，包括雨量、坝前水位、来水量、发电量、发电水量、单耗、弃水量、出库水量、水库蓄能、可调水量、距汛限库容、弃水损失电量等基本数据。

（2）及时完成对上旬、中旬、下旬及月度水务数据的整编。年初完成上年度水务数据的整编。

（3）参加地区的水文资料集中整编。

（4）及时完成水务等资料的归档。

2. 报汛和水文信息报送工作

严格履行上报信息的校核制度，做到不迟报、不漏报、不错报。

（1）完成向各级防汛办公室的报汛，拍报标准依照其当年公函通知。

（2）完成向新源公司、电网调度、厂内有关人员的水务短信息报送。

（3）汛期按新源公司要求完成防汛日报、防汛周报的报送。

（4）完成突发水雨情、暴雨预警、水位预警等的短信息发布。

3．编制水库调度建议（计划）

（1）编制年、月、周发电调度建议（计划）。

（2）主汛期根据天气预报和水库水位滚动修正水库调度计划。

（3）按防汛领导小组和防汛办公室指示，完成洪水调度建议（方案）编制。

4．水情水调系统维护

（1）每日对水情中心站设备和系统进行巡视检查，维护系统正常运行。

（2）汛前、巡后对水情测报系统进行全面检查，编写检查报告。

（3）值班监视水情遥测站运行状况，发现故障时，及时出检。

（4）每月1日统计上月水情测报系统的畅通率和可用度。

5．水文气象预报

（1）每日收集各台站的中、短期气象预报。

（2）参加并发布厂、区域气候中心组织的中长期气象预报。

（3）主汛期掌握天气动态，及时联系各气象台站，滚动修正中长期气象预报。

（4）月底联系各气象台站修正下月的降水预报，并预测入库水量。

（5）预报过程强降水，或水库水位超过做好模拟洪水预报，掌握水情发展形势。

6．工作总结

（1）及时完成季度水库调度总结、半年度水库调度总结、年度水库调度总结，提交到生产管理信息系统。

（2）洪水结束后七日内完成洪水资料的整编，提交到公司生产管理信息系统。

（3）泄洪结束后七日内完成洪水调度总结，提交到公司生产管理信息系统。

（4）其他特殊工作按当年公函或上级要求执行。

三、水库调度工作制度

1．水库调度昼夜值班工作制度

根据水利枢纽运行调度特点，水库调度工作中实行全年昼夜值班工作制度。值班员应坚守岗位，任何情况下都应保证值班员在岗。

2. 水库调度值班员的基本任务

（1）主值班员对本值值班工作全面负责，遵照规定，组织实施水库调度工作。

（2）密切监视水调自动化系统、水情自动测报系统、卫星云图接收系统、水务信息管理系统、报汛通信设备运行情况，发现问题及时处理，处理不了的应立即通知有关人员，并认真做好记录。

（3）密切注意和掌握流域水文气象变化（如水情、雨情）和水库运行情况，根据规定正确妥善处理当班中发生的问题，当遇到值班权限内不能解决的重大问题或疑难问题时，应及时向主管领导请示汇报。

（4）按规定进行水量平衡计算及其他方面的资料统计，对各种运行调度原始资料分类别登记在有关调度日志、记录本上，记录要清晰、完整。

（5）各值认真做好短期预报工作，按规定提出入库流量预报成果及出力预报，并报有关领导和单位。

（6）按规定进行收、发报工作，发报要求准确，收报及登报要求无误，并对收到的错误报或有疑问的应及时催报或查询。

（7）按规定向有关单位联系，并做好记录和录音，以备查考。

（8）及时准确传达防汛抗旱指挥部、水调中心的调度命令及意见，经请示分管领导同意后执行；其他单位的意见建议及时向防汛办公室反映，由防汛办公室向有关领导请示并同意后通知水调中心执行。

（9）认真做好各项值班调度工作记录，要求完整、清晰、准确，以备查考。

（10）认真履行交接班手续，对重大事情应口头及书面交待清楚。

（11）调度运行中，主值班员必要时可通知有关班组配合实施调度方案。

3．值班员岗位责任制

值班员要严格遵守劳动纪律和调度纪律，加强工作责任感和岗位责任制。

4．汇报

遇有下列情况时，应及时向总公司、部门领导汇报并经批准后执行：

（1）库水位超过年度审批或上级主管单位临时规定的控制范围。

（2）各泄水建筑物因故需超出规程的规定运行时。

（3）预报机组水头接近最大或最小时。

（4）重大水情、雨情及其洪水预报成果。

（5）有关部门对水库运行提出的新要求。

（6）上级机关对水库运行下达的新指示。

（7）需要口头向上级反映和汇报的水库运行意见。

（8）值班员处理不了，认为需要请示、汇报的问题。

5．校核

（1）各项工作计算结束后，必须由另一值班人员进行校核，计算者与校核者均须签名，以示负责。

（2）向外单位拍发的汛情电报，必须经过校核，认为无误，方可发报。

（3）校核者发现差错后，应将差错通知原计算者，并改正，改正差错时，在原数值上划二条横线，将改正后的数值写在原数值的右上角。

第六节 水情自动测报安全技能

一、日常维护

（1）应设专人值班，汛期应每天进行系统设备运行情况检查。

（2）非汛期应每周进行系统设备运行情况检查。

（3）在恶劣天气和大洪水期间应增加检查次数。

（4）电站上、下游水位站每周巡视。

二、定期维护

每年汛前、汛后应对系统进行专业维护。

第七节 气象安全技能

气象安全技能主要包括：

（1）汛前，收集本区域气候中心和国家气候中心的汛期降水量预报，每年汛前，发布当年汛期降水量修正预报。

（2）每月底，发布下月降水量预报，并预测入库水量。

（3）当水库水位汛期超过各警戒水位时，或发布了水库高水位预警，应加强与各气象台站的联系（具体按防汛领导小组或防汛办公室的临时要求），加密发布中长期降水量预报。

第八节 小型基建管理安全技能

一、小型基建

施工单位应健全安全保证体系，制定安全保证措施及安全专项方案，报业主批准，并在作业前对所有参加人员进行交底，形成交底记录，相关人员签字后。对进场人员进行安全教育，考试合格后方可上岗作业。施工作业现场配备合格、足够的安全文明设施，设专人管理，定期进行检查、试验，确保设施完好。作业人员必须正确使用个人防护用品和安全工器具，确保人身、设备安全。施工现场、仓库必须安装警告、禁止指令、指示性安全标志牌。安全通道和重要设备保护等区域必须用安全围栏和临时提示栏安全隔离。设备材料实行定置化管理，标识清晰，防护完善。进入施工现场的管理人员和作业人员应该在胸前佩戴工作卡，必须正确佩戴合格的安全帽。

二、外包管理

（1）发包单位相关人员在开工前应对承包单位安全措施的落实情况进行检查，符合要求，经许可后方可进入现场工作。发包单位相关人员每天至少一次对本人所负责的项目施工过程中的安全措施执行情况进行一次检查。

（2）因受客观条件限制，无法每天到达现场进行协调和监督的，发包单位相关人员也要定期到现场监督、检查、指导、协调，确保施工过程的安全、质量、进度可控在控，原则上每周至少两次到现场监督检查。但对于施工关键工序、节点、重要施工过程及重要事项，仍必须在现场进行监督和协调。

三、其他安全管理要求

项目执行过程中新增人员必须进行相关安全教育、考试、交底等工作。

第九节　国内外大坝失事或水电站事故典型案例

［案例 1］　我国河南省板桥、石漫滩水库大坝失事

板桥水库位于洪汝河上游，大坝为黏土心墙砂壳坝，坝高 24.5m，长 2020m。水库最大库容 4.92 亿 m^3。石漫滩是一座均质土坝，最大坝高 25m，坝顶宽 5m，长 500m，水库最大库容 0.47 亿 m^3。1975 年 8 月 8 日，由于洪水远远超过设计标准，位于暴雨中心的板桥、石漫滩、田岗水库相继垮坝失事。

1975 年 8 月的这次暴雨在板桥水库上游，3 天降雨 1030mm，进库洪水比最大库容多 2 亿 m，最大进库流量 13000m^3／s，为水库最大泄洪量的 8 倍。8 月 7 日夜，水位急剧上涨，8 日零时 20 分，洪水超过防浪墙，防浪墙被冲倒，板桥大坝砂壳首先被冲走，接着翻过大坝的激流淘空坝脚，最后大坝垮掉。

值得注意的是暴雨发生前的几个月中，河南南部正出现旱情，农田缺水，大部分水库蓄水位很低，不能满足灌溉和供水的需求。8 月 4 日该地区受台风影响开始降雨，各地水库纷纷蓄水，抬高水位，用于抗旱，这个蓄水过程持续到 8 月 7 日。暴雨区内的大中型水库拦蓄洪水 45 亿 m^3，约为洪水总量的 1/3，降低了后续削减洪峰、拦蓄洪量的能力。三条水系同时出现特大洪水，大大超过水库蓄洪和河道泄洪能力，板桥水库水位很快上升到最高蓄水位，超过警戒水位，这时需要紧急开启溢洪道闸门，可是水库泄洪道闸门锈死，无法开启，造成失事。

板桥、石漫滩水库大坝失事警示，洪水有不可预见性，严格按调度规定调度，泄洪设施处于良好状况均十分重要。大坝洪水设计标准、安全超高、水库调度、泄洪设施可靠等因素对大坝防洪安全至关重要。

［案例 2］ 中国青海省沟后水库面板坝失事

沟后水库位于流经青海省共和县恰卜恰镇的恰卜恰河上游，距城镇 13km，大坝为钢筋混凝土面板沙砾石坝，最大坝高 71m，坝顶长 265m，宽 7m，设有 5m 高的防浪墙，上游坡 1∶1.6，下游坡 1∶1.5。水库设计总库容为 330 万 m^3，坝顶高程为 3281m，正常蓄水位、设计洪水位和校核洪水位均为3278m，汛期限制水位3276.72m。

该坝于1985年8月正式动工兴建，经招标确定由铁道部第二十工程局负责施工。1989年9月下闸蓄水，1990年10月完工，1992年9月通过竣工验收。施工被评为“优良”工程。1989年底由共和县成立水库管理局，负责水库和工程管理。

失事时间是1993年8月27日22时，实测库水位3277m，垮坝时最高库水位3277.25m，约超过防浪墙底座上游平台0～0.25m，此时水库蓄水量为318万m^3。失事造成288人遇难者，40人失踪，直接经济损失达人民币1.53亿元。

失事的直接原因是防浪墙底座与面板间水平接缝和防浪墙分段之间的止水失效，库水通过水平接缝直接进入坝体，坝体排水不畅，发生渗流破坏和多次浅层滑动，库水直接冲刷坝体，面板失去支撑而折断，最终大坝溃决。大坝施工存在的严重质量问题和坝体设计上的缺陷给水库留下了致命的隐患，是垮坝的主要原因。

沟后水库大坝失事警示，必须重视坝顶构造（特别是水平和垂直止水、防渗体高程）、重视坝体分区和防渗设计、施工质量。

[案例3] 意大利瓦依昂拱坝失事

瓦依昂拱坝位于意大利东部阿尔卑斯山区派夫河的支流瓦依昂河上，坝址河谷深而窄，坝顶弦长仅160m，地基岩石为灰岩，节理发育。瓦依昂拱坝厚3.4m，坝高262m，拱冠梁底厚22.1m，厚高比仅0.08，是当时世界上已建最高，可能也是最薄的拱坝。1954年施工，1960年建成，混凝土量35.3万m^3，水库正常高水位722.5m，满库时库容1.69亿m^3。

瓦依昂坝由意大利著名坝工专家西门扎设计，尼西尼公司负责施工。大坝混凝土浇筑于1959年底完成，同年12月，法国马尔帕塞拱坝失事后，考虑到瓦依昂坝址两岸坝座上部岩体内裂隙发育，采用100t预应力锚索对两岸坝肩部位岩体进行了加固。锚索长55m，左岸125根，右岸25根。此外还使用了大量一般锚筋，对波速低于3000m/s的岩体进行固结灌浆加固。加固工程于1960年9月完成。

1963年10月9日夜，瓦依昂水库水位达700m高程，大坝上游近坝左岸约2.5亿m^3巨大岩体突然发生高速滑坡，以25m/s的速度冲入水库，使5500万m^3的库水产生巨大涌浪。大约有3000万m^3的水翻越坝顶泄入底宽仅20m的狭窄河谷。翻坝的水流在右岸超出坝顶高度达250m，左岸达150m。水流以巨大流速滚向下游。在滑坡与漫顶同时发生的情况下，主坝体经受住了远超过设计标准的巨大推力考验，并未倒塌，但大滑坡的石渣掩埋了水库，堆石高度超过坝顶百余米，使大坝、电站、水库完全报废。

瓦依昂坝失事的人为因素主要在于工程施工前没有查明库区岸坡的稳定性；没有对水库蓄水后库区地质条件的改变做出评估；在工程施工期和蓄水之后，未对岩体的位移和地下水位进行全面观测和认真研究；钻孔和探洞数量少，深度不够，影响到对滑坡范围和特性的正确了解。值得注意的是，岸坡有限的变形、测压管测值均反映有测值累计增加和速率激增现象，如引起重视，可有效预警。

瓦依昂坝的失事警示，在大坝安全评价中，必须重视近坝库岸边坡的稳定性和塌滑后果危害性，同时必须重视监测成果的及时整理分析和应用。

[案例 4] 美国汤溯抽水蓄能电站上库溃决

美国汤溯（Taum Sauk）抽蓄工程的上库位于 Proffit 山的山顶，主要靠开挖山顶形成水库。上库的修建主要采用了来自山体的开挖料，其中，细骨料含量为 0%~20%，另外，在坝体某些局部，沙粒尺寸的原料含量高达 45%。上库最大坝高 27.43m，但下部 22.74m 的坝体在修筑过程中都未经机械压实，只有上部 4.69m 的坝体修筑时采用了机械压实。

2005 年 12 月 14 日，汤溯抽水蓄能电站上库失事，53 万 m^3 的水泄入 Black 河，造成 9 人受伤和财产损失，损毁了 Johnson Shut-Ins 公园。

汤溯抽水蓄能电站上库失事的原因有很多，包括设计、施工不当，监测仪器方面的失误和人为失误等，但有四点是致命的。

（1）监测仪器原因。由于监测仪器的布置和安装等原因，仪器系统失效，水位传感器读数偏低，低于真实水位值 3~4.2 英尺（91.44~128cm）。

（2）自动控制装置安装位置错误和运行中的错误。原设计的自动控制装置的作用是，当水位上升到距离坝顶 2 英尺（60.96cm）时，自动关停抽水机组，但漫坝时该系统未启动。并且该系统的安装高程高于挡水墙的最低高程，不能起到报警和关停抽水机组的作用。

（3）大坝预留安全超高不足。上水库原设计中，预留水面到坝顶的距离为 2 英尺（60.96cm），但大坝建成 42 年来，大坝沉降了 1 英尺（30.48cm），有的部分甚至超过了 1 英尺，因此，坝顶到水面的预留距离仅 1 英尺或不到，即安全超高仅 30cm 左右。

（4）未设置溢洪道。尽管导致溃坝的原因很多，但如果大坝设置了自流式溢洪道的话，就绝不可能发生这样的悲剧。

汤溯抽水蓄能电站上库溃决的原因让大家看到监测系统的重要，监测系统除了起到大坝安全耳目的作用外，有运行控制功能的仪器也是安全的生命线。保证监测系统的完备和监测数据的可靠是保证大坝安全的重要支柱之一。

［案例 5］ 俄罗斯萨扬舒申斯克水电站事故

俄罗斯萨扬舒申斯克水电站是叶尼塞河梯级的第 4 级，总装机容量 640 万 kW，水库正常蓄水位 540m 时相应库容 313 亿 m，是俄罗斯最大的水力发电站。大坝为混凝土重力拱坝。最大坝高 245.5m，坝顶弧线长 1066.1m，坝顶高程 547m，坝顶宽 25m，坝基宽 105.7m。坝体混凝土量达 850 万 m^3。大坝承受的水推力接近 3000 万 t，其中 60% 由坝体自重承担，其余 40% 由两侧山体承担。电站于 1960 年开始筹建，1972 年 10 月起浇筑大坝混凝土，1978 年启用。

萨扬舒申斯克水电站事故发生在 2009 年 8 月 17 日当地时间上午 8 时 13 分。萨扬舒申斯克水电站发生水轮机层的天花板垮塌，导致水轮机层和发电机层被淹。事故造成 74 人死亡，1 人失踪，直接经济损失约 16.5 亿卢布（5.23 亿美元）。据初步估计，修复工作需要至少 400 亿卢布（12.68 亿美元）。

事故调查委员会认为事故的直接起因为：对 2 号机组的操作失误，安全系统出现故障，自动设备因设置位置不利在遭到水流冲击后出现故障，并且输水通道的紧急关闭装置没有备用电源。

值得注意的是，事故中大坝坝身和输水通道本体未被损坏，仅是 2 号机组破坏造成库水涌出。事故发生后，电站失去电源，3 小时 19 分钟后，应急备用电源才得以启动；在 2 号机发生涌水事故后的 1 小时 7 分钟后，进水口事故门才由人工关闭；自动设备因设置位置不利在遭到水流冲击后出现故障，安全系统未发挥作用。这些成为造成灾难性后果的最关键原因。

除了萨扬舒申斯克水电站事故外，1979 年印度默区 2 级大坝，曾发生因暴雨电力中断，l8 孔闸门中 13 孔开启受阻，洪水漫坝溃决。1982 年西班牙 Tous 坝也曾因暴雨电力中断，溢洪道平板闸门操作失灵，大坝漫顶溃决。1997 年巴西 DaCupha 大坝，操作人员擅离岗位，归途被洪水阻断，闸门开启不及时，洪水漫坝垮坝。1995 年美国 Folsom 大坝，溢洪道弧形闸门在提升过程中发生支臂压屈变形失事，造成水库无控制泄放。由此可见，闸门和启闭设备的问题也会引发重大事故和灾难性后果。闸门的布置、结构安全、启闭安全（包括备用和应急电源）对大坝安全都十分重要。